花のことば辞典

四季を愉しむ

倉嶋　厚　監修
宇田川眞人　編著

講談社学術文庫

序言

本書は、講談社学術文庫既刊の『雨のことば辞典』（倉嶋厚・原田稔編著　二〇一四年刊）と『風と雲のことば辞典』（倉嶋厚監修　二〇一六年刊）につづく三部作の第三作です。

第一作の『雨のことば辞典』は、新聞記事から生まれた企画でした。一九九八年の梅雨入りのころ、朝日新聞に、雨は嫌われものだけど、日本は雨の国で、日本語の中には雨の呼び名だけで八〇〇以上もある、という記事が載りました。わずか十数行のベタ記事でしたが、当時勤めていた出版部の上司が、これは本になるんじゃないか、と言いました。

早速追加取材してみると、たしかに日本語の中には、季節ごとに雨にまつわる言葉が八〇〇どころか、一〇〇〇以上もあることがわかってきました。たとえば、春の雨なら「木の芽流し」「桜雨」「卯の花腐し」「余花の雨」、夏の雨なら「青葉雨」「白雨」「銀竹」「青時雨」、秋には「御山洗」「七夕流し」「秋霖」「リラの雨」、冬の雨は「御降り」「鬼洗い」「北山時雨」「氷雨」などなど……。日本語の雨にまつわる言葉はまことに千変万化で、どれも陰翳深く、美しい言葉ばかりなのです。

これはぜひ本にしておきたいと思い、「雨の文化誌」を研究していた原田稔さんと一緒に原稿を作成しながら、一九九八年一〇月、かつてNHKテレビ「ニュースセンター9時」の気象キャスターとして人気のあった倉嶋厚さんを訪ねました。倉嶋さんは企画の趣旨を聞き、途中までできた原稿に目をとおして、日本語には雨についてこんなにも多彩で豊かなことばがあったのかとあらためて驚かれたようでした。そして、やや弱かった気象災害に関する観点からの提案と原稿執筆をしてくださるとともに、全体の監修も引き受けてくださいました。こうして二年後に、辞典のような、エッセイのような、前例のない一風変わった『雨のことば辞典』が誕生したのです。

二〇〇〇年九月に刊行されると、地味な本ですから飛ぶように売れたなどということはありませんでしたが、一部の人たちには好評をもって迎えられました。とくに現在の日本には多くの俳句人口があり、そういう人たちの支持も加わって版を重ねました。

その後十数年たつころにはさすがに品切れになっていましたが、学術文庫に収録されるとまた息を吹き返し、第二作の『風と雲のことば辞典』につながりました。しかし、第二作でも本作りを監修・指導された倉嶋さんは、『風と雲のことば辞典』刊行のおよそ一〇ヵ月後の二〇一七年八月、しずかに易簀（えきさく）されました。

したがって、第三作の本書『花のことば辞典』では、前二作で「ことば辞典」作りの手本を示された倉嶋さんの遺志を体し、また著作権継承者の同意を得て倉嶋さんの花のエッセイを五篇再録するとともに、「倉嶋厚・監修」の標記を踏襲して刊行することにした次第です。

本書では、多くの人びとに親しまれている花々を対象として、のちにつけられた異名も含めて五八六の花の名と、慣用句・ことわざを含む花にまつわる言葉を四五五、合わせて一〇四一の「花のことば」を採りあげて解説しました。膨大な「花のことば」の全容からすればほんの一部にすぎませんが、それでも現代日本語のなかの花にまつわる表現の一端は捉えているはずですので、辞書として、読み物として、また句作・歌詠の参考に、前二作と同じようにご愛読・ご活用くだされば幸いに思う次第です。

二〇一九年三月

編著者

目次

◆凡例

一　本書は、講談社学術文庫の『雨のことば辞典』『風と雲のことば辞典』につづく三部作の第三弾として編集した。現代日本語の中から「花」の名前と「花」にまつわる言葉を一〇四一語選び出し、語釈・解説を加え、適宜用例を付した。

二　一部の花については、広く流布されているいわゆる「花言葉」を付した。また、監修者の倉嶋厚氏のエッセイ五篇および、とくに物語性の強い花の逸話については、本文中にコラムを別組みした。

三　見出し語は五十音順に配列した。

四　俳句・詩歌等の引用に際しては原則として参照した文献の表記に従った。ただしわかりやすくするため仮名を漢字に改め、古歌には現代語訳を付し、若干意訳した場合がある。引用した句歌等は見出しの花の特徴を的確に捉えていることを優先した。振り仮名は現代仮名づかいとした。

五　参照文献のうち単行本は『　』、それ以外の著述および引用文は「　」で示し、〈　〉で囲んだ語は、見出し項目として掲げてあることを示す。⇩は参照項目の案内。

六　「花」にまつわる主要なことわざ・慣用句は巻末にまとめた。

七　俳句・詩歌を作る人の便に資するため、巻末に、「季語索引・四季花ごよみ」を、また人に花を贈る際の参考になればと、「花言葉」からの「逆引き索引」を付した。

八　紙数の制約や編著者の菲才から、見落としている語、また思い違いの語釈があることと思われるが、お気づきの方は編集部宛ご批正を賜りたい。

本文デザイン・next door design

花のことば辞典

四季を愉しむ

❖はじめに

どんな花にも物語（ドラマ）がある

花とは何か——あえて言葉にすれば、植物の茎から伸びる花柄（かへい）の先につく赤・青・白・黄色・紫などさまざまな色をした器官の呼び名ということになろう。固有の色と香りで昆虫や鳥を引き寄せ、あるいは風や水の作用を借りて受粉・受精をおこない、次の世代を生み出すもとになる種（たね）を形成する、種子植物の生殖器官である。

しかし花は、ただ花にとどまるのではなく、人に見つめられて名前をつけられ、さまざまに語られ綴られてきた。花にまつわる言葉は、人びとが暮らしのなかで経験した喜びや悲しみ、慰めの証として数々の物語を内蔵している。また、人間の生活・文化・歴史の反映として、多彩な神話・伝説を秘め、詩歌・物語に歌い語り継がれてきた。

どんな花にも、物語（ドラマ）がある。

たとえば「思草（おもいぐさ）」という花。一般には、秋に淡い赤紫の壺形の花を横向きにつける「南蛮煙管（なんばんぎせる）」の別名だとされ、そのうつむき加減の花姿が、人の物思いに沈んでいるようすを偲ばせるところからの名だといわれる。『万葉集』巻十に「**道の辺（へ）の尾花が下の思ひ草今さらさらに何をか思はむ**」、道の辺の穂すすきの下で物思いしている思草よ、今さらこれ以上何を思い煩(わずら)うことがあるだろうか、と。作者は、何かの切実な思いを断とうとしているのか、それとも、もう考えることはやめて実行へと自分を励まそうとしているのか、花を見つめながら自問している。

中国古代の秦(しん)末、漢の劉邦(りゅうほう)によって垓下(がいか)に包囲され四面楚歌の中で故国楚もついに漢の手に落ちたかと察した項羽(こうう)は、寵姫虞美人(ちょうきぐびじん)を傍らに別れの酒宴を開いた。「力(ちから)、山を抜き、気は世を蓋(おお)う。時利あらず騅逝(すいゆ)かず。騅逝かず奈何(いかん)すべき、虞や虞や若(なんじ)を奈何せん」と辞世の詩を吟じたのち、従容(しょうよう)として死地に赴いた。項羽の後を追うように虞美人が自剄(じけい)すると、迸(ほとばし)った鮮血が流れた大地から「ひなげし」の花が咲き出たという。あるいは葬った墓から「ひなげし」が萌え出たとも言い伝える。この故事から後の人は「ひなげし」を「虞美人草」と呼ぶようになった。

西洋では「忘れな草」の伝説がよく知られている。むかしドイツの若い男女が初夏の爽やかなドナウ川の岸辺を歩いていたとき、水面を流れてきた青紫色の美しい花を恋人がほしがった。若者はすぐ川に入って花をつかんだものの、思いがけない急流に流されて岸に上がれず、花を岸の恋人に投げると、「私を忘れないで」と一声叫んで水中に消えたという。「忘れな草」はそんな言い伝えをもつ儚(はかな)い花の名なのだ。英名は「forget-me-not」。

日本の古代では、ただ「花」といえば他の花々に先駆けて咲く梅の花を意味した。時代だ降り平安時代後期以後になると、「花」は日本の春を代表する桜の花を指すようになっていく。花は夏・秋・冬にも咲くが、ただ「花」といえば、桜に敬意を表して春の季語である。

花の雲鐘は上野か浅草か　芭蕉
草越しに江戸も見えけり花の山　一茶
花更けて北斗の杓の俯伏せる　山口誓子
人体冷えて東北白い花盛り　金子兜太

時に弥生三月、ようやく長い冬が去り、間近に迫った花の季節にさいして、このささやかな一書が、爛漫の野山に遊ぶ読者の皆さまの、花とともにある暮らしの良き道連れ・よすがとなりますように。

あ行

藍の花　あいのはな

藍は、飛鳥時代以前に中国から渡来したタデ科の一年草。夏から秋に、青色ではなく赤まんまのような紅い小花を穂の形につける。白やピンクもある。発酵させた葉や茎から藍染（あいぞめ）の青色染料を取った。「蓼藍（たであい）の花」ともいう。秋の季語。

この村に減りし土蔵や藍の花　谷口秋郷

藍花　あいばな

古く〈露草〉のことをいった。露草は、夏から秋にかけて土手や湿地などに鮮やかな藍色の小花を咲かせるツユクサ科の一年草。「青花」ともいう。〈藍の花〉を略していうこともある。秋の季語。

アイリス　iris

三〜五月ごろ、庭園や花壇を華麗に彩るアヤメ科アヤメ属の栽培多年草。〈あやめ〉〈花菖蒲（はなしょうぶ）〉〈かきつばた〉〈いちはつ〉などを総称していう場合もある。「アイリス」とはもともとギリシア神話の「虹の女神」の名だといわれるとおり、花の色も紫・黄・白など多種多彩。膨大な園芸品種があり一般に外国種を「アイリス」といい「西洋あやめ」ともいう。「虹の女神」にちなんだ花言葉は「よい便り」。夏の季語。

アイリスや港にのこる煉瓦館　穐好樹菟男

葵　あおい

現在一般に「葵」といっているのは、六〜八月ごろ赤・白・紫色などの花を咲かせるアオイ科の多年草「立葵（たちあおい）」のことが多い。『万葉集』巻十六に「**梨棗（なしなつめ）黍に粟次ぎ延（は）ふ葛（くず）の後（のち）にも逢はむと葵（あおい）花咲く**」、梨と棗が熟したころにきみ（黍）にあわ（粟）むと思い、さらに葛の葉の這う後にも逢おうと葵の花が咲く、と季節の植物を詠みこみながら恋歌にしている。「花葵」ともいい、観賞用に栽培される。「冬葵」もある。花言葉は「野心」「先見の明」。「葵」は夏の季語。

土手下に葵咲くなり綾瀬川　川上梨屋

青い花　あおいはな

一八世紀後半ドイツのロマン主義の詩人・作家だったノヴァーリスの小説。作者の分身ともいえる青年詩人のハインリヒが、夢の中で出会った「青い花」に心惹かれ手に入れたいと願う。息子の見聞が拡がることを望む母親とともに、父の知り合いの商人たちに同行して、青い花を求めアウクスブルクに向けて旅立つ。世界中を旅して不思議な出来事や冒険を経験している商人たちは道すがら、ハインリヒにさまざまな珍しい話を聞かせる。各地を遍歴するなかで、ハインリヒはいろいろな事件や人物と出会い成長していく。やがて目的地に到着して母の父つまり祖父と再会し、その友人の娘マティルデと恋に落ちる。彼女こそ「青い花」の秘密にかかわる東洋の女だった。「青い花」を求めるハインリヒの遍歴譚を歌謡詩をちりばめながら綴ったメルヘン風のロマン派小説で、「青い花」は現実には到達できない理想のシンボルでもあり、以後ロマン主義を象徴する言葉となった。一八〇一年、著者が死去したので未完のまま翌年刊行された。

アカシアの花

北海道などで一般に「アカシア」と呼ばれているのはハリエンジュ属の「ニセアカシア」で、和名は「針槐（はりえんじゅ）」。高さ一五メートルほどになるマメ科の落葉高木で、街路樹や公園でよく見かける。初夏に白い小花が藤の房のように垂れ下がり芳香がある。北米原産。本来の「アカシア」は、オーストラリアやアフリカなどの熱帯地方に分布する。北米の先住民の男が「ニセアカシア」の花枝を求愛のしるしとしたところから、花言葉は「プラトニックな愛」「友情」。

「アカシアの花」は夏の季語。

アカシヤの花散り急ぎ海荒るる　中原槐

赤詰草　あかつめくさ

春から夏、各地で花軸の先に赤紫の蝶形の花を球状に咲かせるマメ科の多年草。〈白詰草〉とともにヨーロッパ原産で、明治時代に牧草として入ったものが野生化し、緑肥としても利用された。英名から〈クローバー〉ともいう。春の季語。⇩〈詰草〉

濤寄せて赤詰草のみな揺るる　豊長みのる

茜草　あかね

野山に自生し赤褐色の根（赤根）からいわゆる「茜色」の染料を取った蔓生のアカネ科多年草。『万葉集』巻一の「**あかねさす紫草野行き標野行き野守は見ずや君が袖振る**」で茜色はよく知られているが、秋に咲く薄黄色の小花は目立たない。額田王の歌を愛誦している人でも、これがその「茜草」の花だよと教えられたら「すぐにぽいと捨てないとも限らないほど地味」な花だと『日本大歳時記』は言っている。「茜草」ともいう。西欧には黄色の花を不吉とする文化があり、花言葉は「誹謗」「中傷」。秋の季語。

茜草祇王は何にすがりけむ　泉春花

赤花　あかばな

野山の湿地に群生し夏、花茎の先に赤紫の四弁の小ぶりな花をつけるアカバナ科の多年草。小さな種子には白く長い毛があり、風で飛散する。夏の季語。

赤まんま　あかまんま

初夏から秋、葉の付け根や茎の先に小さな紅紫色の花が穂状につく〈犬蓼〉の通称。赤い蕾と花が赤飯を連想させるところからの名で、子どもがままごと遊びに使う。鄙びた素朴な花で、和歌の時代には顧みられることはなかったが、虚子以来の現代俳句ではその俳味が捨てがたいものとされている。

中野重治の有名な詩「歌」は、「**お前は歌ふな**

／お前は赤ま、の花やとんぼの羽根を歌ふな／風のさ、やきや女の髪の毛の匂ひを歌ふな…」と、酷薄な革命の妨げとなる「**うそうそとした**」ものたちへの断念と惜別を宣言し、それゆえかえってやさしいものたちへのいとしさとかけがえのなさを哀切に響かせている。「赤のまま」「赤まま」ともいう。秋の季語。

赤のま、妻逝きて今日は何日目　小川千賀

秋草　あきくさ

〈萩〉〈桔梗〉〈女郎花〉など秋に花が咲く草花の総称。「千草」「八千草」も同様。秋の季語。

秋草の花　あきくさのはな

秋に花が咲く野草を総称していうが、とくに菊を指す場合がある。

秋桜　あきざくら

花の形が桜に似ているところから〈コスモス〉のことをいう。秋の季語。

秋桜連峰よべに雪着たり　金尾梅の門

秋の麒麟草　あきのきりんそう

山野の日当たりのよいところに生え秋、枝分かれした茎の先に菊のような小さな黄花をいくつもつけるキク科の多年草。「泡立草」ともいう。黄金色の花から、花言葉は「虚栄心」。秋の季語。

泡立草野菊一とむら許したる　多田東湖

秋の七草　あきのななくさ

秋の野を彩る代表的な七種の花。『万葉集』巻八の山上憶良の歌がもとになっている。「**秋の野に咲きたる花を指折りかき数ふれば七種の花**」と「**萩の花尾花葛花なでしこが花をみなへしまた藤袴朝顔が花**」で、「**朝顔が花**」は現在の〈桔梗〉のことだという。憶良の歌をそのまま暗誦するのが格調高いが、五・七・五のリズムから外れるのでやや覚えにくい。現在ではたとえば「**萩・桔梗・葛・藤袴・女郎花・尾花・撫子・秋の七草**」とか「**萩・尾花・桔梗・撫子・女郎花・葛・藤袴・秋の七草**」などと、自

分に覚えやすい五・七・五のリズムに載せて口ずさめばいいだろう。

秋萩　あきはぎ

秋の七草の代表としての〈萩〉をいう。秋の季語。

木通の花　あけびのはな

「木通」は、野山に自生し四月ごろ、淡紅紫色の花をつけるアケビ科の蔓生（まんせい）落葉低木。秋に薄紫色の実をつけ熟すると縦に割れるところから「開け実＝あけび」の名がついたという。果肉は白く多数の黒い種があり、甘く美味。「通草（あけび）」とも書く。「木通の花」は、春の季語。自分の花粉では受精しないところから、花言葉は「唯一の恋」。

木通（あけび）の花

通草の花訛（なま）れる声音（こわね）ききとれず　原田種茅

曙草　あけぼのそう

夏から秋に白ないしクリーム色の星の形をした花をつけるリンドウ科の二年草。五弁の星形の花びらにさらに小さな緑色や黒紫色の点があり、これを朝空に消え残る星に見立てて美しい名前がついた。

曙つつじ　あけぼのつつじ

四国・九州の標高一〇〇〇メートル級の高山に自生する〈山つつじ〉の一種で、五月ごろ美しい夜明けの空のような薄紅色の花を開くツツジ科の落葉低木。宮崎・大分両県の県境にある祖（そ）母（ぼ）山（さん）の「曙つつじ」はとくに名高い。

朝顔　あさがお

七〜九月の早朝、鮮やかな白・紫・紅・藍（あい）色などの漏斗（じょうご）形の花を咲かせるヒルガオ科の蔓生（まんせい）一年草。蔓(つる)は左巻きで、花は午前中にしぼむ。古くは〈桔梗(ききょう)〉〈木槿(むくげ)〉など朝咲く花を「朝顔」といった。『拾遺集』巻三に「**君こずば誰に見せましわが宿の垣根に咲ける朝顔の花**」、もしあなたが来ないのならほかの誰に見せるだろう、家の垣根に咲いたこの朝顔の花、と。江戸時代以降、園芸植物として盛んに品種改良され、花の形・葉の形とも多種多様。七夕のころ盛んに咲くので牽牛(けんぎゅう)・織女(しょくじょ)に因(ちな)んで「牽牛花(けんぎゅうか)」ともいう。朝開いて昼にはしぼんでしまうところから、花言葉は「儚(はかな)い恋」。秋の季語。

朝顔に釣瓶(つるべ)とられてもらひ水　千代女

朝顔合せ　あさがおあわせ

丹精した朝顔を持ち寄り、花や葉を批評し合ったり優劣を競ったりする会。

朝顔市　あさがおいち

朝顔を商う市。毎年七月上旬、東京・入谷で開かれるものが有名。中里恒子の「花ごよみ」一に、三、四年前ふっと古来の風流に誘われて「朝早く、逗子から入谷の朝顔市へ出かけて、かご仕立の朝顔を十鉢も車に乗せて帰った。その夏は、朝顔の咲くのが自慢で、入谷の朝顔ですと、来る人毎に『あっ』と言われるのが嬉しかった」とある。夏の季語。

朝顔の茶の湯

千利休の茶室の庭に朝顔が美しく咲きだしたとの評判を聞いた豊臣秀吉は、朝顔の茶の湯を所望する。が、当日秀吉が利休屋敷を訪ねたところ、朝顔がひとつも見えない。はてな、利休が剪(き)り取ったのだろうか。不審と不服の思いで秀吉は茶室に入った。と、その目に飛びこんできたのは、ほの暗い床の間にただ一輪、くっきりと浮かぶ艶(つや)やかな朝顔だった。その光景のあまりの幽玄に、一同「目ざむる心地」がして、感嘆の声を放ったという。

朝顔の露　あさがおのつゆ
⇩巻末「花のことわざ・慣用句」

朝顔の花一時　あさがおのはなひととき
⇩巻末「花のことわざ・慣用句」

浅葱桜　あさぎざくら
〈大島桜〉をもとに作られた〈里桜〉の一品種で、花は白いが〈萼〉が萌葱色のため、全体的に淡い黄緑色に見えるバラ科の落葉高木。

朝霧草　あさぎりそう
秋に黄白色の小さな地味な花をつけるキク科の多年草。山の岩場などに生え、葉が銀白色の細毛でおおわれ、霧に包まれたように見えるところからついた名で、主として葉を観賞する。別名「白山蓬」。

朝桜　あさざくら
朝日を浴びて美しく照り映える桜。春の季語。

岳あふぐ息ほのぼのと朝ざくら　大島民郎

浅沙の花　あさざのはな
浅沙は、夏から秋に池・沼に浮かんだ葉の脇に花軸を伸ばし水面に黄色い五弁の花を開くミツガシワ科の多年生水草。「莕菜」とも書く。古くは「あざさ」ともいった。『万葉集』巻十三に「**蜷の腸か黒き髪に　ま木綿もち　あざさ結ひ垂れ…**」、蜷貝の腸のように真っ黒な髪に木綿で黄色い浅沙の花を結び垂らしている愛らしい女が私の妻です、と両親に紹介している。若葉は食用となり、別名「花蓴菜」。夏の季語。

舞ひ落つる蝶ありあさざかしげ咲き　星野立子

朝姿　あさすがた
花をつけた草木の朝の清々しい姿。南北朝時代に成立した鎌倉期の天台座主慈円の私歌集『拾玉集』巻四に「**おほし立てかき撫子の花ざかり露の色濃き朝姿哉**」、子を撫でいつくしむように丹精してきた撫子が花盛りとなった。朝露でしっとり鮮やかさを増した薄紅色の花姿がえもいわれぬ美しさだ、と。朝まだきの女性の、かいがいしく身支度した姿、あるいは起きたばかりのしどけない姿のこともいう。

麻の花　あさのはな

茎から麻糸を取るアサ科の一年草で夏、葉の脇に薄い黄緑色の雄花と緑色の雌花をつける。その後「麻の実（苧実）」となり食用にされる。花言葉の「運命」は麻縄を絞首刑に使ったことからともいう。「麻の花」は夏の季語。

星赤し人なき路の麻の花　芥川龍之介

薊　あざみ

野山に生えるキク科アザミ属の多年草の総称で、最も普通に見られるのは「野薊」。種類が多く、日本には六〇種以上もあるという。葉は羽状に切れこんでいて鋭い棘がある。夏から秋にかけ茎の先に紅紫色の小花の集まった〈頭花〉がつく。「花薊」ともいう。「夏薊」と呼んで夏の季語としている歳時記もあるが、春に咲く「野薊」を代表として春の季語とするものが多い。「秋薊」〈鬼薊〉のように秋に咲くものもある。葉の鋭い棘がデンマーク軍の侵攻を防いだという故事からスコットランドの国花となり、花言葉は「報復」「独立」。またギリシア神話のアフロディテの恋慕になびかなかった羊飼いのエピソードから「誘惑」という花言葉もある。

薊摘んで花の巧を眼に見入る　篠原温亭

アザレア　azalea

〈つつじ〉の一種で「オランダつつじ」の異名のあるツツジ科の園芸品種。背の低い灌木だが花は大きく、桃色・白・紅色など一重ないし八重に咲く姿は絢爛華麗。寒さにやや弱く鉢植えなどとして観賞用に栽培される。乾燥地・やせ地を苦にしないので、花言葉は「節制」また「禁酒」。春の季語。

アザレアや踊り子の裾ひるがへり　成瀬澄子

紫陽花　あじさい

六、七月ごろ青紫色の四弁花が集合して球形に咲くアジサイ科の落葉小低木。四枚の花びらのように見えるのは実は萼片。『万葉集』巻二十に「**あぢさゐの八重咲くごとく八つ代にをいま**

せ我が背子見つつしのはむ」、紫陽花の花が幾重にも重なって咲くように幾代までも健勝にいてください、そのような我が君を見つつお慕いしましょう、と。白ないし淡黄色から青色を経て紫色ないし赤色に変わるので〈七変化〉ともいい、形状から「手鞠花（てまりばな）」ともいう。花言葉は、「移り気」「冷たい美」。夏の季語。

あじさゐの藍を盗みに闇迫る　長谷川秋子

紫陽花やきのふの誠けふの嘘
あじさいやきのうのまこときょうのうそ

⇩巻末「花のことわざ・慣用句」

蘆の花
あしのはな

蘆は、川・沼のほとりや湿地に生えるイネ科の多年草。葉は〈すすき〉に似ているが、高さが二、三メートルになり、すすきよりずっと大きい。秋にすすきに似た多数の小花から成る穂をつけ、初め紫色でのち紫褐色になる。「葦」とも書く。「アシ」の名が「悪し」に通じるので「ヨシ」ともいう。『菟玖波集（つくばしゅう）』巻十四に「**草の名も所によりてかはる也難波の蘆は伊勢の浜荻**」。蘆・葭（よし）・〈荻（おぎ）〉は区別がつきにくい。蘆笛から花言葉は「音楽」。また風によくなびくので「従順」。秋の季語。

ちからなき入日さへぎる芦の花　水谷晴光

馬酔木の花
あしびのはな

馬酔木は、山地に生え三、四月ごろ、白い壺形の小花が房状に鈴なりに咲くツツジ科の常緑低木。葉などに神経毒があり、牛馬が食べると「足しびれ」を起こすところから「馬酔木」の名と字を当てたという。『万葉集』巻二に「**磯の上に生ふるあしびを手折（たお）らめど見すべき君がありといはなくに**」、磯辺に咲いている馬酔木の花を手折りたいと思うが、もはや見せたいあなたがいるわけではないのに、と。「あせび」ともいうが、『万葉集』では「あしび」と読ませているから「あしび」がよいと、水原秋櫻子は言う（『俳句歳時記』）。だが仏文学者で俳人の平井照敏編『新歳時記』には、植物学的には

「あせび」が正しいとある。「花馬酔木」ともいう。早春、美しい小花がひたむきに咲く姿から、花言葉は「清純な心」。春の季語。

鴟尾見ゆるいづくも馬酔木咲けるなり　山中三木

アスター　Aster

七、八月ごろ花茎の先に菊に似た紅・紫・白などの〈頭花〉をつけるキク科の一年草。庭園・花壇などに栽培され、切り花として用いられる。和名で〈蝦夷菊〉といわれたが、現在では蝦夷菊はキク科エゾギク属に分類される。花の色・形が多彩なところから、花言葉は「変化」。夏の季語。

東菊　あずまぎく

キク科の多年草だが、秋ではなく春の高原などで花茎の先に中心の蕊部分が黄色い紫色の〈頭花〉を一つ咲かせる。その姿は淡紫色の〈たんぽぽ〉を思わせる。本州中部以北の野山に自生し、東国に咲く菊の意からその名がついた。春の季語。

遠祖の越えし峠路あづま菊　田中美津子

徒桜　あだざくら

爛漫と咲きほこる桜も、その盛りは短く移ろいやすいものだというたとえ。『親鸞聖人絵詞伝』に「**あすありと思ふ心のあだ桜夜は嵐の吹かぬものかは**」、明日があると思うのは、散りやすい桜をあてにするようなものだ。夜に嵐が来てみな吹き散らしてしまわないとどうして言えるだろうか、と。一説に親鸞聖人の出家得度のときの詠であるという。

徒花　あだばな

咲いたかいもなく実をつけずに散ってしまう

敦盛草と熊谷草

「敦盛草」は、山間の林や草むらに自生するラン科の多年草。初夏につける赤紫の袋状の花姿を、花。本来の時季でないときに咲く花。むだ花。転じて、努力が報われず成果が上がらなかった行為のたとえ。室町時代の小歌を集めた『閑吟集』に「**生**(な)**らぬあだ花　真白に見えて　憂き中垣の夕顔や**」、実を結ばずに散る儚(はかな)い花を白く咲かせて、ままならぬ仲をへだてる垣根の夕顔よ、と。

厚物咲　あつものざき

菊作りなどで、大輪・多弁の頭状花(とうじようか)を花茎(かけい)の先に手毬(てまり)のように円く厚ぼったく咲かせる仕立方。また、そのように咲いた菊。「厚咲き」ともいう。秋の季語。

アネモネ　anemone

四月ごろ赤・白・紫・青などの罌粟(けし)に似た華麗な花をつけるキンポウゲ科の多年草。アネモネの美しさは女性でいえば三十路を過ぎたころの濃艶(のうえん)な美しさだと水原秋櫻子は言っている(『俳句歳時記』)。地中海沿岸の原産でギリシア語の風「アネモス」から転じ「風の花」を意味

源平の一谷(いちのたに)の合戦で平家の公達平敦盛(たいらのあつもり)が背負った母衣(ほろ)に見立ててその名がついた。母衣は、武者が戦場で流れ矢を防ぐために背負った武具。一方「熊谷草」は同じく山野の樹陰などに群生し四、五月ごろ、大葉の間から直立した花茎の先に紫紅色の点のある白い袋状の花を咲かせるラン科の多年草。袋状の花形を、同じく一谷の戦(いくさ)で平敦盛を討ち取った熊谷次郎直実(くまがいじろうなおざね)の母衣に見立てた。直実は、敵将と組み打ちになり組み伏せたところ、兜の下から現れた顔が我が子と同じ年頃の平家の若い公達であることに衝撃を受けた。が、戦場ゆえに心ならずも討ち取らざるを得なかった。後にそのことを悔い、世をはかなんで出家して隠棲した。「敦盛草」は夏の季語で、「熊谷草」は春の季語。

敦盛草の母衣も夕焼く雲の頭も　野澤節子
熊谷草甲冑(かっちゅう)すでにほろびけり　河野南畦

するようになった。ギリシア神話の花の女神フローラに仕える美しい妖精（ニンフ）であったアネモネは、フローラの愛人の西風の神ゼピュロスに愛されたため、嫉妬したフローラに追放され、花の姿に変えられてしまう。春風がひと吹きすると花が開きもう一度吹くと花びらを散らす、儚（はかな）くも美しい「風の花」の精霊なのだ。花言葉は「恋の苦しみ」「薄命」「失われた希望」。春の季語。

アネモネのこの灯を消さばくづほれむ　殿村菟絲子

アマリリス　amaryllis

初夏、緋色（ひいろ）・白・桃色などの〈百合〉に似た六弁の漏斗（じょうご）状の花を咲かせるヒガンバナ科ヒッペアストルム属の多年草。温室咲きもある。南アメリカ原産で、江戸時代に渡来し観賞用に交配・栽培された。花の名は古代ローマの詩に登場する美しい羊飼いの少女に由来し、花言葉は「内気」または「コケットリー」。夏の季語。

温室（むろ）ぬくし女王の如きアマリリス　杉田久女

雨は花の父母　あめははなのふぼ

⇩巻末「花のことわざ・慣用句」

雨降り花　あめふりばな

「その花が咲くと雨が降る」、あるいは「その花を摘むと雨が降る」と言い伝えられている花。土地ごとに花の種類は異なり、〈昼顔〉〈擬宝珠（ぎぼうし）〉〈紫陽花（あじさい）〉〈蛍袋（ほたるぶくろ）〉などが「雨降り花」の異名をもつ。

あやめ

五、六月ごろ直径八センチほどの紫色や白い花が咲き、花びらに網目模様があるところから「文目（あやめ）」ないし「菖蒲（あやめ）」の名がついたアヤメ科の多年草。花の姿が似ている〈かきつばた〉や〈花菖蒲（はなしょうぶ）〉は湿地に咲くが、あやめは乾燥した山野に咲く。美しい花なので古来句歌に多く詠まれてきた。『古今集』巻十一には、「**ほととぎす鳴くやさ月のあやめ草あやめも知らぬ恋もするかな**」、杜鵑（ほととぎす）の鳴く五月に菖蒲（あやめ）が咲くごとく、文目(ものの道理)がわからなくなってしまうような激しい恋をすることもあるのだな、と。

関東大震災に遭い隅田川堤上で二六年の短い生涯を終えた俳人富田木歩に「**寝る妹に衣うちかけぬ花あやめ**」の句がある。木歩は、東京向島の貧家に生まれ、幼少のとき病のため下肢の自由を失い、正規の学校教育を受けられず、「いろはかるた」や「めんこ」で文字を独習して句作をはじめた。弟も障がいがあり、妹は極貧から苦界に身を沈め、病を得て重患の身となり家に帰された。「**妹さするひまの端居や青嵐**」「**医師の来て垣覗く子や黐の花**」などの句が残る。飯田龍太は木歩の句について「命終間近い妹にやさしく衣打ち掛ける兄のこころ。それに答える病妹の今際のきわの笑顔を思い浮かべるとき、この『花あやめ』の一語は万斛の涙をささそう」と記している。(『四季花ごよみ』夏)。

「あやめ」は、漢字で書けば「菖蒲」だが、同じ字の〈菖蒲〉は葉に芳香のあるショウブ科の多年草で「あやめ草」ともいった。〈花菖蒲〉や〈かきつばた〉を含めて、俳句作品では混同して詠まれることが多い。「あやめ」の花言葉は、「よい便り」。夏の季語。

吹き降りのあかるみそめしあやめかな　高橋潤

あらせいとう

〈ストック〉の和名。園芸種として花壇や切花用に栽培され、晩春に白・桃色・赤紫などの花を総状につけるアブラナ科の多年草。南ヨーロッパ原産で日本へは江戸時代に渡来した。花期が長いことから、花言葉は「永続する美」。春の季語。

あらせいとう積みて海女小屋廃れをり　田中敦子

有明桜　ありあけざくら

〈里桜〉の一品種で、樹高が低い京都仁和寺の「御室有明」と花びらが多弁の「関東有明」が知られる。ともに関東から伝わり園芸的に改良されたものという。大和三山、耳無(みみなし)の里の桂子と畝傍(うねび)の里の桜子が香久山の里に住む男をめぐっての夫(つま)争いを主題にした謡曲「三山(みつやま)」に「**花の春一時の　恨(うらみ)を晴れて　速(すみやか)に　有明桜光そふ**」、旅の僧の弔いの念仏によって現世の妄執から解き放たれた桂子と桜子が、有明桜の光に包まれて成仏する、と。春の季語。

断礎一片有明桜散りかかる　夏目漱石（「断礎」は昔建っていた仏堂などの礎石か）

粟花　あわばな

〈秋の七草〉の一つ〈女郎花(おみなえし)〉の別名。粟粒のような黄色の小さな花をつけるところからの名であろう。秋の季語。

杏の花　あんずのはな

杏はバラ科の落葉小高木で、高さは三メートルほど。長野県・東北地方などで栽培され、早春、梅に似た白ないし淡紅色の花が咲く。初夏に梅に似た実が生(な)る。アプリコット。室生犀星「小景異情」その六に、「**あんずよ／花着け／地ぞ早やに輝やけ／あんずよ花着け／あんずよ燃えよ／ああ　あんずよ花着け**」。まだ寒気の厳しい早春に健気に咲くので、花言葉は「不屈の精神」。「杏の花」「花杏」は、春の季語。

杏咲く信濃出るまで千曲川　河村四響

家桜　いえざくら

家の庭に植えてある桜をいう。『新古今集』巻十六に「**垣越しに見るあだ人の家桜花ちりばかりゆきて折らばや**」、垣根越しに見えるあの移り気な人の家の庭に咲いている桜を、ちりほどちょっとでもいいから折ってやりたいものだ、と。〈庭桜〉ともいう。春の季語。

錨草　いかりそう

四月ごろ船の錨に似た四弁の白ないし薄紫色の花をつけるメギ科の多年草。茎の先に下向きに咲き、鳥・虫などの距(けづめ)のような四つの突起をもった花弁が錨の形に似ているのでその名がある。高さ三〇センチほどで山麓の樹下や渓谷などに咲く。「碇草」とも書く。春の季語。

生け花 いけばな

碇草生れかはりて星になれ　鷹羽狩行

切り取った草木の花・葉・枝などを花器に飾りつける伝統芸術。「活け花」とも書き「華道」ともいう。立て花（立花〔りっか〕）・投入れ〔なげいれ〕・盛花〔もりばな〕・生花〔せいか〕・現代華などさまざまな表現方法や流派がある。

石割桜 いしわりざくら

岩手県盛岡市の盛岡地方裁判所構内にある〈江戸彼岸桜〉で、一九二三年に国の天然記念物に指定された名木。露出した大きな花崗岩の割れ目に根を張っている。樹齢三六〇年を超えるともいわれる。

いずれ菖蒲か杜若 いずれあやめかかきつばた

⇩巻末「花のことわざ・慣用句」

いたどりの花

漢字で書くと「虎杖の花」。いたどりは、山野のどこにでも生え七月ごろ、葉のつけ根から白く細かい花を穂状に伸ばすタデ科の多年草。『日本書紀』反正紀〔はんぜい〕に「多遅〔たじ〕の花は、今の虎杖〔いたどり〕の花なり」と。花は〈茶花〔ちゃばな〕〉にもちいられる。「いたどりの花」は夏の季語。

虎杖の花の月夜の簗〔やな〕番屋　宮下翠舟

（「簗」は川魚を捕るための仕掛け）

苺の花 いちごのはな

苺は、春に五弁の白い花をつけるバラ科の多年草または小低木。ふつう鮮紅色に熟した実を食用とするオランダ苺をさすが、木苺や蛇苺もある。苺の葉や根が視力によいとされたところから、花言葉は「先見の明」。「苺の花」「花苺」は、春の季語。

満月のゆたかに近し花いちご　飯田龍太

一日花 いちにちばな

朝あるいは昼・夜に咲き、いつも短時間でしぼんでしまう一日だけしか咲かない花。〈朝顔〉〈芙蓉〉など、儚〔はかな〕い花のたとえとされる。個々の花は一日でしぼむが、次々に咲くので花期は短くはなく、花の位置を変えて咲きつづける。

一年草　いちねんそう

〈朝顔〉「稲」などのように、発芽してからその年の内に開花・結実して枯れてしまう草本植物をいう。

いちはつ

漢字で書くと「鳶尾」または「鳶尾草」。五月ごろ他の〈あやめ〉の仲間に先がけて花開くアヤメ科の多年草。花の色は紫色か白。葉が剣の形をしているので、わら屋根の火よけ、また、補強材として屋根に植える風習があった。「一八」とも書く。正岡子規に「**いちはつの花咲きいでて我目には今年ばかりの春ゆかんとす**」。同種のアイリスと同じで、花言葉は「吉報」。夏の季語。

　富士の下一八の咲ける小家かな　大須賀乙字

一輪草　いちりんそう

春、花柄の先に梅より少し大きな五弁の白ないし薄紫の花（萼）を一輪つけるキンポウゲ科の多年草。山麓の湿った草地などにひっそりと生えるところから、花言葉は「追憶」。「一花草」ともいう。春の季語。⇩二輪草

　一輪草石に還りしほとけかな　小串歌枝

一本花　いっぽんばな

霊の依り代として死者の枕元に一本立てる〈樒の花〉。

糸桜　いとざくら

糸を垂らしたような〈枝垂桜〉の別名。春の季語。

　糸桜夜はみちのくの露深く　中村汀女

犬桜　いぬざくら

山野に自生し四、五月ごろ、葉が先に出てから白色五弁の小さな花を総状に咲かせるバラ科の落葉高木。京都・北山の高野に「犬桜」が咲いたというのである人が見に行くと、高札が立ててあり「**まだらにも咲きさかりたる犬桜折る人あらば足に嚙みつけ**」、まだら模様に咲いた犬桜よ、もし枝を折る不届き者がいたら足に嚙みついてやれ、と書かれていた。そこで一枝手折

ると「**たか野には必ずつるる犬ざくらひきをる人を咎め**(とが)**やはする**」、高野は鷹狩りにちなむ土地柄で犬を連れておる（折る）のは当然なのだから咎めないでください、と返歌をしたため高札に吊して帰った。後日それを読んだ花主(はなぬし)は、風流な人がいるものだと咎めることなく、かえって喜んで付き合いが始まったという（『月雪花』）。「犬桜」は春の季語。

犬蓼　いぬたで

野原や畦道(あぜみち)に生えるタデ科の一年草。六月ごろから秋まで葉の付け根や茎の先に紅紫色の多数の小さな花を穂状につける。花は花弁がなく萼(がく)片(へん)で〈赤まんま〉の通称で知られる。「犬蓼の花」「赤まんま」は秋の季語。⇩〈**赤まんま**〉

犬ふぐり　いぬふぐり

日本中どこでも野道や空地に生えるオオバコ科の越年草。「犬のふぐり」とも。春先の日当たりのよい地面に淡い紅紫色の小花が群生して咲く。実が生(な)ると扁平な実の真ん中に縦の凹線があって、見た目が犬の陰嚢(いんのう)に似ているところからその名がついた。繁殖力の強い帰化植物の〈大犬のふぐり〉に押されて数が少なくなって

空色小花(そらいろおばな)　**倉嶋　厚**

都心の通勤の道で、イヌフグリの花を見ようと、街路樹の根もとや駐車場の隅などをさがしたが見当たらなかった。

職場でその話をすると、翌朝、友人が利根川の土堤(どて)に咲いていたからと採ってきてくれた。鉢植えの雑草は、いま、わが家の客間の日だまりで、毎日四、五輪ずつ小さな空色の花を開かせては、その日のうちにじゅうたんの上に散らせている。高山植物だったら、たいへん珍重されるにちがいない可憐さである。

この花の名前には思い出がある。テレビはなくラジオも普及していなかった少年時代、田舎の大

おり、現在「犬ふぐり」として句に詠まれているものも実際には空色の大犬のふぐりであることが多い。西欧では、十字架を背負わされてゴルゴタの丘へ向かう汗まみれのイエスにハンカチーフを差し出した娘の名にちなんだ「聖女ヴエロニカの草」の異名があり、花言葉は「女性の誠実」。春の季語。⇩〈大犬のふぐり〉

扉なき森の入口犬ふぐり　安田汀四郎

稲の花（いねのはな）

稲は、麦・粟（あわ）・豆・稗（ひえ）・黍（きび）などと並ぶ五穀の一つでイネ科の一年草。八月から九月に稲穂を出し、晴れた日の午前に多数の小花が開花して白い雌しべが垂れ、短時間の間に受粉し米になる。「稲の花」は秋の季語。

湯治二十日山を出づれば稲の花　正岡子規

茨の花（いばらのはな）

茨は、棘（とげ）のある灌木（かんぼく）を意味する言葉。「うばら」ともいう。山野に生えるバラ科の〈野茨〉や「野ばら」を総称していう。初夏、棘のある

家族の家庭に新思潮や都会の文化を持ち込んでくるのは、夏休みなどに帰省する遊学中の兄たちであった。

急に大人じみた兄たちが、「××さんは、こういう講義をするんだ」などと、高名の教授を「さん」づけで呼ぶ。それを年老いた両親がうれしそうに聞いていた。

そんな食卓で、ある時、兄が、

「芥川竜之介は寒い朝、イヌのこう丸が紫色になっているのが美しいという俳句を作っている。研ぎ澄まされた美意識は、そこまでゆくんだぜ」

と得意げに話した。

すると父親が憮然（ぶぜん）として、

「お前なあ、それは都会の学生にからかわれたんだよ。イヌフグリは花の名だ」と、たしなめた。

空色の花をつけるのは、帰化植物のオオイヌノフグリである。

枝先に芳香のある白または淡紅色の五弁の小さな花が咲く。秋に丸い実となり赤く熟す。花言葉は「人間嫌い」「良心の呵責」。「茨の花」〈花茨〉〈野ばらの花〉はみな夏の季語。

雲うごく茨の花の咲き散る日　野田別天楼

弥初花　いやはつはな

他に先がけていちばん早く咲く花。「弥」は「いちばん」「ますます」の意。『万葉集』巻二十に「**ひさかたの雨は降りしくなでしこがいや初花に恋しき我が背**」、雨が盛んに降っている。いちばん先に咲いた撫子の花のように愛しいあなた、と。

岩鏡　いわかがみ

山の岩場や湿地に生え、堅い葉の表面が古代鏡のように光っているところから名づけられたイワウメ科の多年草。初夏に一〇センチほどの花茎の先に淡紅色の花を数個つける。鐘状の花冠は先端にいくとギザギザに細かく裂けている。夏の季語。

和名の起こりは実の形から発している。学名はベロニカ・ペルシカ、つまりペルシャのベロニカである。

そしてベロニカは、処刑されるためゴルゴタの丘にひかれていくイエスに布を捧げたパレスチナの女性の名だという。その布はイエスの血に染まった。

夕づける風冷えそめぬみちばたの空色小花みなみなつぼむ

と木下利玄の歌ったのも、この花であろう。『日本植物方言集』には、千葉県・柏でのこの花の呼び名として「ホシノヒトミ」がのっている。方言にしてはあまりにも現代風だと思っていたら、『植物生活談』（平凡社）で長田武正さんが、これは、「花を愛でるどこかの団地のママさんたちの提案した名」だ、と書いておられた。（『お天気博士の四季暦』〈文化出版局〉より再録）

岩鏡咲きかぶさりし清水かな　中村素山

岩桔梗　いわぎきょう

高山の砂地に生え、八月ごろ〈桔梗〉に似たやや小形の美しい紫色の花を咲かせるキキョウ科の多年生の高山植物。夏の季語。

岩桔梗雲のへだつる人のこゝゑ　望月たかし

岩煙草　いわたばこ

谷間の日陰の岩壁に付着するように生え七、八月ごろ、茎の先に紅紫色の星の形をした花をいくつかつけるイワタバコ科の多年草。小判形の柔らかい葉の表面には皺があり、タバコの葉に似ている。夏の季語。

木洩れ日に花のむらさき岩煙草　大森久慈夫

岩つつじ　いわつつじ

①漢字で書くと「岩躑躅」。山や谷などの岩の間に生えている〈つつじ〉をいう。『万葉集』巻七に「**山越えて遠津の浜の岩つつじ我が来るまでに含(ふふ)みてあり待て**」、山の遠くの遠津の岩つつじよ、私が帰って行くまでは莟(つぼみ)のままで待っていてくれ、と。一方『古今集』巻十一の「**思ひいづるときはの山のいはつつじ言はねばこそあれ恋しきものを**」のように「言はで」「言はねば」を呼び出す枕詞として恋の切なさを訴える歌に詠みこまれている。

②六、七月ごろ白紅色の釣鐘形の花をつけるツツジ科の落葉小低木。本州の中部以北の高山に自生する高山植物。この場合は、夏の季語。

雲が来て消す縦走路岩つつじ　白井常雄

言わぬが花　いわぬがはな

⇩巻末「花のことわざ・慣用句」

おべっかづかいのういきょう

「ういきょう」は漢字で書くと「茴香」で、夏に黄色の小花が群集した花序をつけるセリ科の多年草。「茴香」の漢字の意味は香りが回(や)り伝わる香草ということ。ヨーロッパ原産で、日本人にはあ

隠逸花　いんいつか

〈菊〉の異称。北宋の儒学者周敦頤（しゅうとんい）は、《晋の陶淵明は菊を好み、唐の李白に倣って牡丹を愛好する者は多いが、自分は汚泥からはえても清らかに咲く蓮を愛する》との「愛蓮の説」を唱えた。そして「**菊は花の隠逸なる者なり**」、菊は俗世を逃れ山深く隠棲している隠者の趣きがある。対して牡丹は「富貴の花」、蓮は「君子の花」だと論じた。これ以後、菊を「隠逸花」と呼ぶようになった。

初花　ういばな

その年初めて咲いた花。その木に初めて咲いた花。はつはな。『校註和歌叢書』第五冊の「貫之集」第七の詞書に「**うひ花さける紅梅を折（おり）て今年なむ咲（さき）はじめたるといひたるに**」、初めて花が咲いた紅梅の枝を折り取って、今年から咲きはじめましたと言ったので、と。なお「**はじめて咲たる紅梅を**」とする写本もあって、そちらには「うひ花」の語は見えない。

まりなじみがないが、シェイクスピア劇にはよく登場する。

王位を簒奪（さんだつ）し母のガートルードまで誘惑した叔父クローディアスへの復讐に心を引き裂かれたハムレットは、恋人のオフィーリアに容赦ない女性憎悪の言葉を浴びせる。狂乱したオフィーリアは、つづく第四幕第五場で悪王クローディアスと兄のレアティーズにうわごとのような言葉とともに摘み取った花を配る。愛するハムレットと錯覚したレアティーズには「これがまんねんろう（ローズマリー）、あたしを忘れないように――ね、お願ひ、いつまでも」と手渡し、クローディアスに向っては「あなたはおべつかのういきやう（茴香）、それから、いやらしいをだまき草」（福田恆存訳『ハムレット』）と言いながら押し付ける。「ういきょうの花」は夏の季語。

茴香の花の匂ひや梅雨曇　嶋田青峰

右近の橘　うこんのたちばな

⇩〈橘の花〉

鬱金の花　うこんのはな

鬱金は、初秋に花穂（かすい）を伸ばし開いた白い苞（ほう）の間に、黄色の筒状の花をつけるショウガ科の多年草。根茎から黄色の染料を取りカレー粉や沢庵を着色するのに用いる。「鬱金の花」は秋の季語。

野の道は曲りつ鬱金の花ざかり　中田ゆき

雲珠桜　うずざくら

京都の鞍馬山に咲く桜。「雲珠」は宝珠形の飾りのついた馬具のことで「鞍馬」という地名との縁語による。花が雲珠に似た里桜のこともいう。春の季語。

薄墨桜　うすずみざくら

一重の白い花をつける、淡色の墨絵のように夢幻的な〈里桜〉の一品種。岐阜県本巣（もとす）市の根尾谷にある巨木が有名で、国の天然記念物に指定されている。「淡墨桜」とも書く。春の季語。

淡墨桜風立てば白湧き出づる　大野林火

薄雪草　うすゆきそう

七、八月ごろ花茎（かけい）の先の苞（ほう）に菊に似た灰白色の花を開くキク科の多年草。山の草地や礫地（れきち）に生え、全体に白い綿毛でおおわれ雪で薄く包まれたように見えるところからその名がついた。近縁種に「深山（みやま）薄雪草」や「姫薄雪草」があり、ヨーロッパ・アルプスの名花として知られる〈エーデルワイス〉のことだといわれるが、実際のエーデルワイスは同属だが別種。夏の季語。

うすゆき草恋のはじめの息づかひ　加藤知世子

空木　うつぎ

野山に自生し六月ごろ、小さな釣鐘形の白い花が多数、円錐穂状に群がり咲くユキノシタ科の落葉低木。幹の髄が軟らかく中空になるところからその名があり、民家の生垣などにも植栽される。「空木」は花のゆかしい雰囲気から、花言葉は「古風」「風情」。夏の季語。⇩**〈卯の花〉**

独活の花　うどのはな

独活は、夏の野山や畑で、伸ばした花軸の先に黄緑色がかった小花を球形に集めてつけるウコギ科の多年草。春の若い茎を酢味噌あえやてんぷらにして食べる。「独活の花」は夏の季語。

岐れ路いづれも寺へ独活の花　吉田垢童

優曇華　うどんげ

①インド・ヒマラヤ・スリランカなどに分布し、イチジクに似た壺状の花托に包まれた花をつけるクワ科イチジク属の落葉高木。サンスクリット語の「udumbara　優曇婆羅」の略で「瑞祥」の意。花は外側からは見えないのでインドでは三〇〇〇年に一度花が咲くと言い伝えられ、「優曇華」の花が咲くと現世に如来が出現するといわれる。『源氏物語』若紫に、熱病にかかった光源氏が祈禱を受けていた僧坊から快癒して帰るときに主の僧都が詠んだ歌に「**優曇華の花待ち得たる心地して深山桜に目こそうつらね**」、三〇〇〇年に一度しか咲かないという優曇華の花に巡りあえたようなあなたの前ではどんなにみごとな深山桜も目に入りません、と。

②古枝や天井などに産みつけられる昆虫クサカゲロウの卵のことをいう。長さ一・五センチほどの細い糸状の柄があり吉兆とも凶兆ともされる。夏の季語。

卯の花　うのはな

〈空木〉の花のこと。卯月（旧暦の四月）に咲くから「卯の花」といい、小さな釣鐘形の白い花が円錐形の花序に多数咲く。古来、杜鵑とともに初夏を代表する景物とされた。『万葉集』巻十に「**卯の花の散らまく惜しみほととぎす野に出で山に入り来鳴きとよもす**」、卯の花の散るのを惜しんでほととぎすが野に出て来たり山に入ったりしながらしきりに鳴いている、と。

小学唱歌「夏は来ぬ」（佐佐木信綱作詞）に「**卯の花の／匂う垣根に／時鳥／早も来鳴きて／**

忍音(しのびね)もらす／夏は来ぬ」。「花空木」ともいう。「卯の花」「花空木」は夏の季語。

夕日いま卯の花垣に移りけり　平川巴竹

卯の花腐し　うのはなくたし

〈卯の花〉の咲く旧暦四月は「卯花月(うのはなづき)」といわれ、このころは梅雨に先立って長雨が降る季節である。この卯の花を傷めつけるほどの長雨を「卯の花腐し」という。

卯の花月夜　うのはなづくよ

白く咲き匂う「卯の花（空木）」を、月が白々と照らす初夏の爽やかな夜景をいう。

姥桜　うばざくら

葉に先立って花が開く彼岸桜などを「歯（葉）がない」のにまだ美しい年増の女性になぞらえていった。年をとってもなお容色の衰えない女性を指す俗語。

苜蓿　うまごやし

牧草地・海辺の草地などに生え、春から初夏に黄色の蝶形の花をつけるマメ科の越年草。牧草用にヨーロッパから輸入したものが野生化して日本各地に分布した。〈白詰草(しろつめくさ)〉〈クローバー〉の通称として用いられることもある。「苜蓿(もくしゅく)」ともいい「馬肥し」とも書くが、「苜蓿」は本来は花が紫色の「アルファルファ（紫(むらさき)苜蓿(うまごやし)）」のことだという。花言葉は「幸運」、またメディカという異称から「生命」。春の季語。⇩〈クローバー〉

児の声に踏まれて育つうまごやし　藤田志洗

梅　うめ

早春、いち早く春の到来を告げて咲くバラ科の落葉中高木で、「春告草(はるつげぐさ)」の異名をもつ。また、春風を待って咲くところから「風待草」「風見草」の別名もある。葉の出る前に白、紅、淡紅色などの清楚な五弁花を開く。八重咲きもある。『万葉集』巻五の「**わが園に梅の花散るひさかたの天(あめ)より雪の流れ来るかも**」、うちの庭に白い梅の花が散っているが、まるで空から雪が流れ落ちてくるようだ、などと多くの詩歌に詠まれてきた。『拾遺集』巻十六の菅原道真「**東風(こち)吹かばにほひおこせよ梅の花主(あるじ)なしとて春を忘るな**」は、〈飛梅(とびうめ)〉の伝説とともに広く知られる。厳しい寒気に堪えて咲くので、花言葉は「忍耐」また「高潔」。春の季語。⇩〈飛梅〉

梅一輪一輪ほどの暖かさ　嵐雪

梅暦　うめごよみ

梅の開花が春の到来を告げる合図つまり暦になるところから、梅の花のことをいった。江戸時代の人情本（風俗小説）の『春色梅児誉美(しゅんしょくうめごよみ)』に「**頃しも春の梅暦(うめごよみ)、れんじに開く鉢植の、花の香(かお)馨る風寒み、身に染む紋日物日(もんびものび)さへ、春は殊更やるせなき**」と。

梅に鶯、柳に燕　うめにうぐいす、やなぎにつばめ

⇩巻末「花のことわざ・慣用句」

梅鉢草　うめばちそう

野山の日当たりのよい湿地に生え、夏から秋に家紋の「梅鉢」に似た白い五弁の花を咲かせるニシキギ科の多年草。夏の季語。

膝折つて額白牛やうめばち草　杉山岳陽

（「額白牛」は額に白毛がある「月白牛」か）

梅初月　うめはつづき

梅が咲きはじめる月で、旧暦一二月の別称。旧暦一二月は現行暦の一月だから、梅が咲きはじめてもおかしくはない。平安末から鎌倉初期の歌僧藤原顕昭に「**花はまだつぼむえだかとほのみえて梅はつ月のこゝろいろめく**」、花はまだ先だとしても蕾(つぼみ)がほのかに膨らんできたような気がして、一二月になると心がときめいてしまう、と。

梅は蕾より香あり　うめはつぼみよりかあり

⇩巻末「花のことわざ・慣用句」

梅は百花の魁　うめはひゃっかのさきがけ

⇩巻末「花のことわざ・慣用句」

梅見　うめみ

梅の花が咲いたのを愛(め)でること。観梅。梅見を

する旧暦二月を「梅見月」という。春の季語。

髪乱す梅見の風の強かりし　町春草

浦島草　うらしまそう

初夏、先端が鞭(むち)か糸のように長く垂れ下がった紫褐色の仏炎苞(ぶつえんほう)（仏像の光背のような苞葉(ほうよう)）に包まれた花穂(かすい)をつけるサトイモ科の多年草。野山の湿地に生え、長く垂れた糸状の部分を浦島太郎の釣り糸に見立ててその名がついた。夏の季語。

浦島草夜目にも竿を延ばしたる　草間時彦

エーデルワイス　edelweiss

夏、白い花のように星形に開いた苞葉(ほうよう)の中心に淡黄色の花がつくキク科の多年草。名前の由来はドイツ語のedel(高貴な) Weiss(白)。ヨーロッパ・アルプスの名花として知られ、スイスの国花。日本での通称は「西洋薄雪草」で「深山(みやま)薄雪草」は近縁種。夏の季語。

エーデルワイス咲き散るこゝが分水嶺　吉田北舟子

腋花　えきか

茎につく葉の付け根の上に咲く花。花柄(かへい)が短い。

えごの花　えごのはな

「えごのき」は、山野の雑木林などに生え、初夏に小さな五弁の白花を多数つけるエゴノキ科の落葉低木。花柄が長目なので花は下向きに咲き、風に揺れる姿に風情がある。「えごの花」は、夏の季語。

えごの花散り敷く水に漕ぎ入りぬ　大橋越央子

蝦夷菊　えぞぎく

夏に白・藍(あい)色・ピンクなどの菊に似た頭状花(とうじょうか)をつけるキク科エゾギク属の一年草。園芸品種として八重咲き・ポンポン咲きもあり、花壇で栽培され切り花として用いられる。ひところ〈アスター〉と呼ばれたが、現在はエゾギク属として一科一属をなしている。花言葉はアスターと同じ「変化」。夏の季語。

蝦夷菊や老医のことばあたたかく　柴田白葉女

あ行

越年草 えつねんそう

〈大犬のふぐり〉のように、秋に発芽して冬を越し、次の年の春夏に開花して実をつけてから枯れる草。⇩〈二年草〉

江戸桜 えどざくら

江戸・染井の植木屋が売り出したという〈染井吉野〉の別名。「歌舞伎十八番」に『助六所縁江戸桜』がある。芭蕉の処女出版といわれる『貝おほひ』に、

春風になれそなれそ江戸桜　信乗母

江戸彼岸桜 えどひがんざくら

春の彼岸のころに他の桜よりも少し早く花をつけるといわれる桜の一種。〈大島桜〉とともに〈染井吉野〉の片親とされる。春の季語。

えにしだ

漢字で書くと「金雀枝」。五、六月ごろ鮮やかな黄色い蝶形の花が群がるように咲くマメ科の落葉低木。ヨーロッパ原産で、シダ類ではない。兄王殺害を悔いた王子が毎夜この花枝を手に懺悔したとの伝説から、花言葉は「卑下」、また不吉な黄花から「媚び」。夏の季語。

えにしだの黄にむせびたる五月かな　久保田万太郎

えのころぐさ

漢字で書くと「狗尾草」。野原や道ばたに生え、晩夏から初秋に緑色の花穂をつけるイネ科の一年草。穂の形が子犬の尻尾に似ているので「狗尾草」の字を当て、「えのこ草」ともいう。また穂で猫をじゃらすところから「猫じゃらし」ともいう。鎌倉時代末期に成立した『夫木抄』巻二十八に「**ゑのこ草おのがころころ穂に出でて秋おく露の玉宿るらむ**」。えのころ草は自分のころころ（犬ころ）を穂に伸ばし、秋には露の玉がころころ宿るだろう、と。秋の季語。

娘たち何でも笑ふゑのこ草　浦野光枝

えびね

漢字で書くと「海老根」または「化偸草」な

ど。雑木林などに生え春、直立した花茎に白紫色の花を多数つけるラン科の多年草。根茎の形が海老に似ているところからの名。春の季語。

街にこぼす山の言葉やえびね売り　辺見京子

エリカ　Erica

春から夏にバラ色あるいは淡紅色の小鈴のような形をした小花をびっしりと咲かせるツツジ科エリカ属の低木の総称。ヨーロッパやアフリカの原産で、春夏咲きと秋冬咲きがある。イギリスでは「ヒース」と呼ばれ、荒涼とした土地に生えるからか、花言葉は「孤独」。春の季語。

鷗啼くエリカや折ればこぼるるも　小池文子

槐の花　えんじゅのはな

槐は、庭木や街路樹などとして夏、枝先に黄みがかった白い小花を多数つけるマメ科の落葉高木。黄白色の花が庭や街路に散りこぼれているようすに涼味を感じる。「槐の花」は、夏の季語。

弾みつつ槐の花の降つてをり　高木丁二

豌豆の花　えんどうのはな

豌豆は、マメ科の一年生ないし越年生野菜。高さ二メートルほどになり、蔓生のものは葉先の巻蔓で近くにある支えに絡みついて伸びて行く。春から夏にかけ蝶形をした白・紅・紫の〈スイートピー〉に似た美しい花をつける。「豌

雪月花・1

「雪月花」は、自然美の代表としての冬の雪・秋の月・春の花を並称した言葉。わが国では「月雪花」というが、中国では「雪月花」の順に並べる。雪月花は漢詩の影響が強かった平安時代以降の中国伝来の美意識のように思われがちだが、『万葉集』巻十八に「**宴席にして雪、月、梅の花を詠みし歌一首**」と題詞して、「**雪の上に照れる月夜に梅の花折りて送らむ愛しき児もがも**」（大伴家持）、雪の上を月が照らす夜に梅の花枝を折

豆の花」「花豌豆」は、春の季語。

花ゑんどう蝶になるには風足らず　大串章

花魁　おいらん

漢字を分析すれば「花の魁（さきがけ）」で、中国では百花に先がけて咲く「花魁（かかい）」つまり梅のこと。一方、江戸時代に地位の高い上級の遊女をいった。妹分の遊女が姉女郎を「おいらが（わたしの）」といったことから「おいらん」の呼称が生まれたという。

花魁草　おいらんそう

七、八月ごろ多数の紅紫色の小花が群生する総状（そうじょう）の花穂（かすい）を立てる、ハナシノブ科の多年草。目もあやな花の咲き方が簪（かんざし）をたくさんつけた花魁を連想させるところから名がつき、真夏に夾竹桃（きょうちくとう）に似た花を咲かせるところから「草夾竹桃」ともいう。夏の季語。

一むらのおいらん草に夕涼み　三橋鷹女

桜雲　おううん

遠くから見た満開の桜が、白雲がかかっている

り取って贈ってあげるようないとしい人がいたらなぁ、と。また『撰集抄』巻八に、大雪がやんだ二月のある夜明るく月が照らす庭園の木々は積った雪と梅の花の見分けがつかなかった。すると村上天皇は梅を折り取ってくるように命じ藤原公任が花枝を天皇に捧げたあと詠んだ歌に「**しらしらし白けたる夜の月かげに雪かきわけて梅の花折る**」、この歌について安東次男は「白中にしろをもとめるあじきなさも雪月花なら興になる」と評している（『もう一つの名月』）。いっぽう堀口大學の「雪国雑記」に、越後高田あたりの雪国では花の咲くのは例年四月の二〇日ごろで、満開の桜の樹の根もとには、まだ消えのこりの雪が積っている。もちろん遠近の山はまだ白く、「花の盛りが折りよく月夜のころに重なると、雪月花のながめを一時にきわめるといって、土地の人は大層よろこび、日本一だと自慢にする」とある。

ように見える光景。〈花の雲〉。

桜花　おうか

桜の花の漢語的言い方。「桜花爛漫の春」。

楝の花　おうちのはな

楝は初夏、高い梢に薄紫色の品のよい花を総状につけるセンダン科の落葉高木。「樗」とも書く。現在「栴檀」といっている木の古名だが、香木の「栴檀」とは別。『平家物語』巻十一に、壇ノ浦の合戦で捕虜となり斬首された平氏の総大将平宗盛父子の首が元暦二年（一一八五）六月二三日都に入った。「**検非違使ども、三条河原に出で向て、これをうけとり、大路をわたして、左の獄門の樗の木にぞ懸たりける**」と。「楝の花」「花楝」は夏の季語。

花楝旅人われも佇ち憩ふ　大竹孤悠

栴檀の花散り雨も少し降り　深見けん二

桜桃の花　おうとうのはな

桜桃は五月ごろ、やや花柄の長い桜に似た白い花を群がり咲かせるバラ科の落葉高木。桜桃の実はいわゆるサクランボで「チェリー」とか「西洋実桜」ともいう。「桜桃の花」は春の季語。サクランボは夏の季語。

繭ごもるらし桜桃の咲く盆地　市村究一郎

黄梅　おうばい

梅と名がついていても梅の仲間ではなくモクセイ科の落葉低木。早春、葉が出るのに先立って六弁の鮮やかな黄色の小花を開く。中国では春を迎える〈迎春花〉の名がある。春の季語。

黄梅のともしびに似て吹かれけり　亀田水炎

桜賦　おうふ

幕末の思想家佐久間象山が、中国・春秋戦国時代の楚の屈原による「橘頌」に倣い、桜を讃え桜にまつわる故事などを縷々と賦した漢詩文。孝明天皇の天覧に達しその後石碑に刻まれて、今も東京の飛鳥山に立っている（原文・読み下しは紙幅の都合で割愛したが、山田孝雄『櫻史』〈講談社学術文庫〉三七九ページ以下に収録）。

大犬のふぐり　おおいぬのふぐり

全国の野原や道端に生えるオオバコ科の越年草で、春先の日だまりに空色の小さな花を群がって咲かせる。わが国の気象キャスターの草分けとして知られた倉嶋厚は、もしこれが高山に咲いていたら、高山植物として珍重される可憐さだと言っている。方言で「星の眸（ひとみ）」と呼ぶ地方もあるという。明治初年に渡来した帰化植物で、「ふぐり＝陰嚢（いんのう）」の名は実の形からきている。一般にはやや小さい在来種の〈犬ふぐり〉として俳句などに詠まれている。春の季語。

いぬふぐり星のまたたく如くなり　高浜虚子

大賀蓮　おおがはす

植物学者の大賀一郎が、千葉市内の約二〇〇〇年前の遺跡から発掘した種子を発芽させ、花を咲かせることに成功した「古代蓮」。千葉公園で毎年六月の早朝、ピンク色の花が開き、数時間で閉じる。

大島桜　おおしまざくら

伊豆諸島に自生する〈山桜〉の近縁種。白く大きな花が美しい。〈江戸彼岸桜〉と交配して〈染井吉野〉の片親になったとされ、その他の多くの〈里桜〉の園芸品種の基にもなった。春の季語。

おおばこの花

漢字で書くと「車前草の花」。「おおばこ」は野原や道ばたのどこでも見かけ、夏に白い小花の穂をつけるオオバコ科の多年草。長い花柄（かへい）を絡ませ合って草相撲をする。「大葉子」とも書く。植民地の先住民は白人の到来とともにこの草が広まったと考え、花言葉は「欺瞞（ぎまん）」。「おおばこの花」は夏の季語。

車前草の花引き抜きて草角力　大崎幸虹

大待宵草　おおまつよいぐさ

夏の夕方黄色の花を開き、朝にはしぼむアカバナ科の越年草。北アメリカ原産の帰化植物で明治初年に渡来したものが河原や路傍などで野生化した。江戸末期に渡来し、白い花を咲かせる〈月見草〉が繁殖力が弱くほとんど見られなくなったので、同じように夕方咲いて朝しぼむ大待宵草と〈待宵草〉が月見草と呼ばれるようになった。〈宵待草〉ともいう。夏の季語。⇩〈待宵草〉〈月見草〉

大山蓮華　おおやまれんげ

初夏、直径六、七センチほどの白花を横ないし下向きにつけるモクレン科の落葉低木。六〜九枚ほどの花弁の中にのぞく鮮紅色の雄しべが印象的。奈良県の大峯山系に多く生え、天然記念物に指定された群生地がある。「深山蓮花」ともいう。夏の季語。

滝しぶき大山れんげ匂ひけり　岩本梓石

岡虎の尾　おかとらのお

⇩〈虎の尾〉

荻　おぎ

河川・池沼の岸辺や原野の湿地に群生するイネ科の多年草。秋、茎の先に薄紫の花穂が伸び、次第に銀白色を帯びていく。風によく鳴り、古来詩歌に「荻の声」として詠まれてきた。「風聞草」ともいう。秋の季語。

荻原やしろがね割りて人現るる　石田正子

翁草　おきなぐさ

野山に自生し四、五月ごろ、伸びた茎の先に暗赤色の花を釣鐘のように下向きにつけるキンポウゲ科の多年草。花が終わると雌しべが白い羽毛のついた実となり、その姿が白髪の頭のように見えるところから「翁草」「白頭翁」の名がついた。花後の変貌ぶりがはなはだしいところから、花言葉は「裏切りの恋」。春の季語。

土の香のなにかたのしく翁草　飯田蛇笏

置花　おきばな

〈釣花〉〈掛花〉などさまざまある生け花の表現方法の一つ。花を生けた器を床の間や卓上に置いて飾る。

後れ咲き　おくれざき

その花の本来の開花時期から遅れて咲くこと。

おじぎ草

漢字で書けば「含羞草」。ブラジル原産で夏から秋、花茎の先に薄紫の小花が集まった球状の可憐な花をつけるマメ科ネムリグサ属の総称。「眠草」ともいい、葉に触れると瞬時に葉を閉じて合歓木の葉のように眠ってしまう。花言葉は「感受性」「羞恥心」。夏の季語。

恋女房となりたし雨の含羞草　玉川行野

押し花　おしばな

花を新聞紙や本などの間に挟み、乾燥させて標本やしおりとしたもの。

雄しべ　おしべ

種子植物の雄性の生殖器官で、花弁の中にあって受粉の主役をなす花粉のつまった〈葯〉とそれを支える花糸とからなる。漢字で書くと「雄蕊」で、「雄蕊」ともいう。⇩〈**雌しべ**〉

白粉花　おしろいばな

晩夏から初秋の夕方、赤・白・黄色などの花が咲くオシロイバナ科の多年草。黒い種子を割ると白粉のような粉質の白い胚乳が出てくるのでその名がある。夕方咲くところから〈夕化粧〉ともいい、ひっそりと咲く気配から、花言葉は「内気」「臆病」。秋の季語。

おしろいは父帰る刻咲き揃ふ　菅野春虹

遅咲き　おそざき

本来の時季から遅れて咲くこと。吉田兼好は時季外れの遅咲きの花が好きでなかったようで、『徒然草』百三十九段に「**遅き梅は、桜に咲き合ひて、覚え劣り、気圧されて、枝に萎みつきたる、心うし**」、遅咲きの梅は桜の開花と同時になってしまうと桜より見劣りし、圧倒されてしまい、枝にしぼんだようにへばりついていて、みっともない、と言っている。また「**遅桜またすさまじ。虫のつきたるもむつかし**」、遅咲きの桜も興醒めで、毛虫が付いているのなんかは勘弁してほしい、と。

遅桜　おそざくら

春も盛りを過ぎて、花時に遅れて咲いている

〈山桜〉や〈八重桜〉。芭蕉は「奥の細道」の途中の湯殿山で「岩に腰掛けてしばし休らふほど、三尺ばかりなる桜のつぼみ半ば開けるあり。降り積む雪の下に埋もれて、春を忘れぬ遅桜の花の心わりなし」と記している。春を忘れない心がいじらしい、というのだ。詩人で芭蕉研究家の安東次男は、この「遅桜」は〈高嶺桜〉だといっている。春の季語。

湯の峰が夕日の中や遅桜　滝井孝作

苧環の花（おだまきのはな）

「苧環」は、四、五月ごろ紺碧（こんぺき）の美しい花をやや下向きに咲かせるキンポウゲ科の多年草。白もある。花の形が糸繰りの「苧環」に似ているところからの名で「糸繰草（いとくりそう）」ともいう。葉を手にこすりつけると勇気が出て勝負に勝つとの言い伝えから、花言葉は「勝利」また「精霊の恩寵」。春の季語。

馬籠（まごめ）妻籠（つまご）をだまきの花こぼれけり　加藤かけい

弟切草（おとぎりそう）悲譚

「弟切草」は日当たりのよい丘陵や草原に生え初秋、茎の先に黄色の小花が数個咲くオトギリソウ科の多年草。朝開き夕べにはしぼむ〈一日花〉。漢方では茎や葉を乾燥させて止血剤として用いる。西洋には薬草・魔よけなどの俗信があり、花言葉は「敵意」「迷信」。わが国には、この花をめぐって兄弟の諍（いさか）いが起こり、兄が弟を斬り殺したという悲話が伝えられている。その昔、晴頼という若い鷹匠（たかじょう）は、手負いの鷹の傷の治癒にこの草が優れた効能をもつことを知りながらそのことを秘密にしていた。あるときこれを知った弟が、このような名薬を独り占めすべきではないと主張して口外したため、怒った晴頼は弟を斬り殺した。以来、この草は「弟切草」と呼ばれるようになったという（太田嗟『日本大歳時記』）。秋の季語。

落椿 おちつばき

花のまま地面に落ちた椿。椿は花びらが一ひら一ひら散るのでなく、いきなり花冠全体がポトリと落ちることが多い。木陰に「落椿」がたくさん落花(らっか)している光景は、哀れにして無惨。〈散(ち)り椿(つばき)〉ともいう。春の季語。

ありありと別の世がありて落椿　青柳志解樹

男郎花 おとこえし

野山に自生し秋、花茎(かけい)の先に白い小花を傘のような形に集め咲かせるスイカズラ科の多年草。風情が〈女郎花(おみなえし)〉に似ていながら、全体に大きく武骨ななりをしているので「男郎花」の名を当てた。秋の季語。⇩〈女郎花〉

女郎花少しはなれて男郎花　星野立子

乙女椿 おとめつばき

晩冬から早春、やや小ぶりのきれいなピンク色の八重の花をつける園芸品種の椿。春の季語。

掃き寄せて乙女椿の山つくる　佐野青陽人

踊子草 おどりこそう

日陰の林縁や道ばたに生え初夏、縁(ふち)が鋸歯(きょし)状の葉の付け根に淡紅色の花を数個ずつつけるシソ科の多年草。花の名について『和漢三才図会』巻九十二は「躍草(おどりぐさ)」とし、「三四月葉の本に小花を開く。白色微赤を帯し、状(さま)人笠を著(き)て躍るに似たり。故に俗に躍草となす」と解説している。上下に分かれた花の形を人が笠をかぶって踊っていると見立てたのだ。夏の季語。

露坐仏をかこみて咲きぬ踊子草　西島静歩

鬼薊 おにあざみ

〈薊〉は一般に春の季語だが、種類が多く夏にも秋にも咲く。俳人たちは、秋に山野で出会う「山薊」を「秋薊」といい、それが大きければ「大薊」、鬼のように猛々(たけだけ)しければ「鬼薊」と呼ぶ。秋の季語。

鬼薊丈なす果ての雲走る　島方銀城

遠山にまさる紫秋薊　前原まも留

鬼百合　おにゆり

野山に自生し夏、橙色(だいだいいろ)の花を咲かせるユリ科の多年草。紫がかった黒い斑点のある六弁の花を大きく反り返らせた姿は、「鬼」の名のとおり野趣に富む。「天蓋(てんがい)百合」ともいう。夏の季語。

鬼百合と言へど優しく咲き始め　新井悦子

尾花　おばな

穂の出た〈すすき〉。花穂(かすい)の形が獣の尾に似ているので「尾花」という。『万葉集』巻二十に「**高円(たかまと)の尾花吹き越す秋風に紐解き開(あ)けな直(ただ)ならずとも**」、高円山に登ってくるとすすきの穂を越えて秋風が吹いてきたから着物の紐を緩めてくつろごう、肌を合わせて共寝するわけではないよ、と。『吾妻鏡』文治五年（一一八九）九月四日の項に、源頼朝が奥州・平泉の藤原泰衡の首を取ったのち志波(しわ)郡に到着したときの光景が描かれている。逃亡者・落武者を捜索したあと陣岡(じんがおか)の蜂杜(はちのもり)に陣を敷いた。そこに北陸追討使である比企能員(ひきよしかず)・宇佐美実政(うさみさねまさ)らが出羽国の敵を平らげて合流してきたので、全軍は諸将・郎従らを加えて二十八万四千騎に達した。めいめいに押し立てた源氏の白旗に、将士たちが弓に添え置いた「尾花」の白を加えた有様を夜空の月が皓々(こうこう)と照らしていた、と。「穂芒(ほすすき)」〈花すすき〉ともいう。秋の季語。

頰にふれ那須の尾花のやはらかし　沢木欣一

雄花　おばな

雄しべだけあって雌しべのない〈単性花〉。「南瓜(かぼちゃ)」などのように雄花と雌花が同じ個体に咲く「雌雄同株」と「銀杏(いちょう)」などのように別の個体に咲く「雌雄異株」がある。⇩〈**雌花(めばな)**〉

お花畑　おはなばたけ

雪が解けたあと、真夏の三〇〇〇メートル級の高山の平坦な草原に一斉に咲き乱れる高山植物の群落をいう。北アルプスの白馬岳、槍ヶ岳のお花畑が有名。「お花畠」とも書き、「おはなばた」ともいう。夏の季語。

女郎花　おみなえし

お花畑見下ろしつつも峰づたひ　野村泊月

野山の草地に生えるスイカズラ科の多年草。晩夏から秋にかけて茎から分枝した花茎（かけい）の先に黄色く細かい花を傘のような形に咲かせる。〈秋の七草〉の一つで、女性のやさしさを感じさせ粟飯（あわめし）のような花という意味で「おみなめし」といい、やがて「おみなえし」に転じたといわれる。「粟花」ともいう。『万葉集』巻十に「**手に取れば袖さへにほふをみなへしこの白露に散らまく惜しも**」、手でさわると袖まで黄色く染まってしまいそうな女郎花がこの白露のために散ってしまうのは残念だ、と。謡曲「女郎花（おみなめし）」は、秋草の咲き乱れる野辺を行く旅僧の前に一人の老人が出現するところからはじまる。かつて行きずりに契った男の薄情を恨んで川に身を投げた女の墓塚から咲き出た花が「女郎花」。女を哀れみあとを追った男も、地獄の業罰に責められている。一時の愛欲に我を忘れたことに苦しみつづけている男女の霊を、旅僧の読経が成仏へと導いてゆく。秋風に揺れるやさしい花姿から、花言葉は「美人」。秋の季語。

女の香放ちてその名をみなへし　稲垣きくの

女郎花（おみなえし）

思草　おもいぐさ

すすき・稗（ひえ）・茗荷（みょうが）などの根に寄生し、伸ばした花茎（かけい）の先に秋、薄赤紫の花を横向きにつける〈南蛮煙管（なんばんぎせる）〉の異名。壺形の花がうつむき加減に咲く風情を人が物思いしている姿と見立ててつけた名。同じように漏斗状（じょうご）の花を下向きにつける〈竜胆（りんどう）〉、あるいは物思わしげな風情の

〈露草〉〈女郎花（おみなえし）〉なども、古くは「思草」と呼ばれた。『万葉集』巻十に「**道の辺（へ）の尾花が下の思ひ草今さらさらに何をか思はむ**」、道のべの穂すすきの下に咲いている思草のように今さらこれ以上何を思い煩うことがあろうか、と。秋の季語。

思ひ草思ひしをれて紅さして　戸塚黒猫子

面影草　おもかげぐさ

〈山吹〉の別名。室町時代の『蔵玉集』に「**昔男女あかずして別れ侍りける時、鏡に面影を互にうつして、其（その）鏡を埋（うず）み畢（おわ）んぬ、其所（そのところ）より山吹生ひ出でける**」、昔、愛し合った男女が、つきせぬ名残をおしんで別れるとき、たがいの顔を鏡に映し合ってそれを地面に埋めた。するとそこから「山吹」が生えたので「面影草」の異名がついた、と。

沢瀉　おもだか

沼地や水田に生え六、七月ごろ、長く伸ばした花茎（かけい）の周りに数段にわたり白い三弁の花をつけるオモダカ科の多年草。葉は矢尻のような形をし、花にも風趣（ふうしゅ）があるので生け花に用いられる。地下茎を食用にする「慈姑（くわい）」の近縁種であるところから「花慈姑」ともいう。夏の季語。

我が宿の沢瀉咲きぬ水鶏（くいな）なけ　暁台

親の意見と茄子の花は千に一つも徒はない

おやのいけんとなすびのはなはせんにひとつもあだはない

⇩巻末「花のことわざ・慣用句」

オリーブの花

オリーブは、地中海沿岸や日本の瀬戸内海地方で栽培され、初夏に薄緑がかった白い小花を総状（そうじょう）につけるモクセイ科の常緑小高木。果実からとれるオリーブ油は食用。ノアの箱舟から飛び立った鳩がオリーブの枝をくわえて帰ってきたとの伝説から、花言葉は「平和」「博愛」。「オリーブの花」は夏の季語。

オリーブの花縫うて行くへんろみち　平沢とし子

か行

カーネーション　carnation

五月ごろ赤・白・桃色などの清楚な八重の花をつけるナデシコ科の園芸植物。南ヨーロッパ起源といわれ江戸時代にオランダ経由で輸入されたので「オランダ撫子（なでしこ）」ともいう。母の日に赤い「カーネーション」を贈る習慣はアメリカから入った。赤やピンクのカーネーションの花言葉は「愛」「感謝の心」など親愛の情を表すが、黄色は「軽蔑」などネガティブな意味をもつとされる。夏の季語。

カーネーション夫（つま）より享（う）けて子を生（な）さず　畑中ゆり子

ガーベラ　Gerbera

夏から秋にかけて花茎（かけい）の先に赤・黄・白などの菊のような、または大きな〈たんぽぽ〉を思わせる華麗な頭花（とうか）を咲かせるキク科ガーベラ属の多年草。南アフリカ原産という。派手で陽気な花の姿から、花言葉は「希望」。夏の季語。

照り翳（かげ）るガーベラを愛（め）づ不惑前　林　翔

開花前線　かいかぜんせん

ある花が開花する日を地図上に記入して結んだ線。季節が進むにつれて移動して行く。

解語の花　かいごのはな

言葉を理解する花、すなわち美人のこと。唐の玄宗皇帝が楊貴妃を侍らせ宴を催していたとき、秋八月のこととて目の前の太液池（たいえきち）には〈蓮〉の葉群の中にいくつかの蓮の花が気高く咲き匂っていた。左右に居並ぶ群臣たちが蓮の美しさに感嘆の声をあげると、玄宗はかたわらの楊貴妃を振り返って「私の解語の花と張り合っているようだ」と言ったという。『開元天宝遺事』巻下の記事から出た言葉。

海棠　かいどう

庭木・盆栽などとして観賞用に植えられるバラ科の落葉低木。四月ごろ枝先に優美な淡紅色の五弁の花をやや下向きにつける。雨に濡れると長い花柄が雨滴の重さに耐えきれぬように垂れ下がる。そのようすが美人の悩まし気な姿を思わせ「海棠の雨に濡れたる風情」という成語が生まれた。また唐の玄宗皇帝が、酩酊して顔がほんのり赤い楊貴妃に「まだ酔いがさめないのか」と聞いたとき「海棠睡り未だ足らず」と答えた故事で知られる。古えの美女を彷彿とさせる優艶な花は「睡れる花」の異名があり、「花海棠」ともいう。楊貴妃の故事から、花言葉は「艶麗」また「美人の眠り」。春の季語。

海棠の花しづくする甘雨かな　村上鬼城

花雨　かう

花が雨のように散っていること。神仏の加護のしるしとされる。また、花の時節に降る雨、花に降りかかる雨をもいう。唐・李白の「山に僧を尋ね遇わずに作る」の詩に「**香雲山に偏く起こり、花雨天従り来たる**」と。〈香雲〉は香りのよい雲、転じて霞がかかったように一面に咲いた〈花霞〉。

花影　かえい

月に照らされ地面や障子などに映った花の影。「はなかげ」。また月光を浴びている花の姿をもいう。中国・北宋の政治家で文人の王安石の詩「夜直」に「**春色人を悩まして眠り得ず　月花影を移して欄干に上らしむ**」と。⇩〈花影〉

花影婆娑と踏むべくありぬ岨の月　原石鼎

返り咲き　かえりざき

桜・桃・つつじ・山吹など春に一度花が終わったはずの木々が、一一月ごろに再び時ならぬ花をつけること。「帰り咲き」とも書く。〈狂い咲き〉〈二度咲き〉ともいう。尋常小学唱歌「冬景色」の二番に「**烏啼きて木に高く／人は畑に麦を踏む／げに小春日ののどけしや／かへり咲の花も見ゆ**」。冬の季語。

返り咲くあやめの水の埃かな　田中王城

帰り花　かえりばな

〈返り咲き〉した花。小春日和がつづいて春咲きの桜・つつじなどがもう一度花をつけた季節外れの花。「返り花」とも書き、〈忘れ花〉「狂い花」などともいう。満開に咲くわけではなく、数輪開くばかりであるが。冬の季語。

返り花人の愁ひに添ふごとく　塚原麦生

帰り花が咲くと秋が長い　かえりばながさくとあきがながい

⇩巻末「花のことわざ・慣用句」

花王　かおう

すべての花の頂点に君臨する〈花の王〉。〈牡丹〉〈桜〉〈薔薇〉など諸説ある。⇩〈花の王〉

顔花　かおばな

美しい花のこと。とくに〈昼顔〉を指すことがある。『万葉集』巻八に「**高円の野辺のかほ花面影に見えつつ妹は忘れかねつも**」、高円山の野道で見かけた顔花のように美しいあなたの面影を忘れることができない、と。「顔が花」ともいう。

顔佳花　かおよばな

ひときわ美しい花の意。鎌倉中期の私撰集『万代集』巻十二に「**東路のかほやが沼のかほやばなときぞともなくせなぞ恋しき**」、上野の可保夜ヶ沼に咲いている顔佳花のわたしはいつもお前さまのことが恋しくてならない、と。「顔佳花」は〈芍薬〉〈昼顔〉〈沢瀉〉などを指すことがあるが、可保夜ヶ沼はかつて〈かきつばた〉の群生池として知られたので、ここで作者が自分にたとえているのは〈かきつばた〉であろう。「顔佳草」ともいう。

花下　かか

花の咲き匂う下。「花間」は花の咲き誇る最中。「花気」は花の漂わせる香りのことで、簡素な言葉ながら含蓄が深い。

篝火草　かがりびそう

真紅の〈シクラメン〉の花弁が燃え立つように

反り返った姿を、夜を照らす紅蓮(ぐれん)の炎にたとえていった。春の季語。

お転婆な花片(はなびら)をもつシクラメン　田川飛旅子

花冠　かかん

花そのものというべき、まさに花のいちばん目立つ花弁の全体。下を〈萼(がく)〉〈花柄(かへい)〉に支えられ、内側には〈雄しべ〉〈雌しべ〉を保持している。花冠と萼を合わせて〈花被(かひ)〉という。花弁が一つにくっついた「合弁花冠」と一枚一枚離れた「離弁花冠」がある。

かきつばた

漢字で書けば「杜若」。湿地に生え五月ごろ、青紫色の美花を咲かせるアヤメ科の多年草。花びらの真ん中の鮮やかな白線が印象的で、〈あやめ〉に匹敵する優美な花。色は濃紫(こむらさき)が主だが白、淡紅もある。飛翔する燕を思わせる姿から「燕子花」とも書く。花を布に擦りつけ紫に染めたので『万葉集』巻十七に「**かきつはた衣(きぬ)に摺り付けますらをの着襲(きそ)ひ狩する月は来にけり**」、かきつばたで色染めした衣服を着重ねして男の子(おのこ)たちが薬狩に出かける月が来た、と。また『古今集』巻九の、在原業平が「かきつばた」の五文字を各句の頭に据えて旅の思いを詠んだ「**唐衣／きつつなれにし／つましあれば／はるばるきぬる／旅をしぞ思ふ**」が有名。花の美しさから〈顔佳花(かおよばな)〉ともいう。花言葉は「幸運はきっと来る」。夏の季語。

今朝見れば白きも咲けり杜若　蕪村

柿の花　かきのはな

柿は、いうまでもなくわが国を代表するカキノキ科の落葉果樹。五、六月ごろ淡黄色の花をつけるが、若葉にまぎれて気づかないほど地味な「静かで淋しい花である」と『日本大歳時記』は言っている。花言葉は「やさしさ」「恩恵」。「柿の花」は夏の季語。

柿の花ゆきかふ人もなかりけり　山田みづえ

萼　がく

花冠の下にあって花びらを支えている部分。萼片の数はたいてい花弁の枚数と同じで、葉と同様緑色のことが多い。だが花によっては花弁以上に華やかな色をもち、花びらかと思えるほど美しい萼をもつものも少なくない。

梅了る夢のかけらの萼の紅　松本進

額紫陽花　がくあじさい

⇩〈額の花〉

格花　かくか

格式のある〈立花〉や〈生花〉のこと。床の間に飾るような品格と伝統様式を踏まえた生け花。個人の自由な感性で生ける花は〈自由花〉。

額の花　がくのはな

初夏に渓流のほとりや谷間の日陰に咲くアジサイ科の落葉低木「額紫陽花」のこと。中心部の密集した細かい花の周りを大きな装飾花がまるで額縁のように取り囲んでいるところからの名。中心部の小花は青紫色、額の部分の装飾花は実際は萼で紫がかった白であることが多い。花も咲いている場所柄も風趣に富み、好句が多い。夏の季語。

バスの窓額あぢさゐの九十九折　瀧井孝作

花月　かげつ

美しい花と清らかな月。転じて、風雅な気晴らし。「華月」とも書く。平安時代の漢詩集『本朝文粋』の巻十に「**方に今芳年已に尽き、華月将に窮まらんとす。百花乱れ落つ**」と。「芳年」は青春。

掛花　かけばな

〈置花〉〈釣花〉などと並ぶ生け花の表現法の一つ。花を生けた器を壁や柱に掛けて観賞する。

挿頭　かざし

折り取った花や造花などを髪や被り物に挿して飾りにすること。『万葉集』巻十六に「**春さらばかざしにせむと我が思ひし桜の花は散り行けるかも**」、春になったら自分の髪に飾って挿頭（妻）にしようと思っていた「桜児」は死んでしまった、と。二人の男が桜児を愛し、互いに譲らず死闘を繰りひろげた。桜児はもはや自分が死ぬしかないと思い詰めて林の中に分け入り首をつってしまった。それを悲しんだ男の一人の歌。

風花　かざはな

冬の青空から花びらのようにちらちら舞い落ちてくる雪片。風上の山地で降った雪が風下地方へ吹き送られてきたのだ。荒天から、あるいは静かな曇り空から散らつくこともある。冬の季語。

見うしなふあとへ風花また一つ　林　翔

風吹草　かざふきそう

春、葉が落ちて明るい広葉樹林の地上に花茎を伸ばし、先端に白ないし淡紫色の花を一つつける「菊咲一輪草」の別名。キンポウゲ科の多年草で「菊咲一華」ともいう。春風の中に一輪ずつ咲く立ち姿が清純・可憐。

飾り花　かざりばな

生まれた子どもの初正月や端午の節句に、邪気を払うために嫁の実家から贈った造り花。また

桜品（おうひん）

桜について昔の本草学者が研究した成果をまとめた図譜を「桜品」という。桜の花や葉の特徴などについて解説している。桜は種類が多く、次の歌には八重桜・普賢桜・楊貴妃桜など三十余種の桜の名が詠みこまれている。「紅の　一重の花は　小桜や、枝は柳の　糸桜。はみるはもなき　うば桜。八重魁は　熊谷よ。底の白きは　伊勢なれや。しぼめる花の　五つ六つ　たれつつ蕊は　二つ三つ、青芽交れる　普賢こそ、陸奥国なる　南殿ぞよ。もゆるばかりに緋桜と、薄げはひする　楊貴妃は　ともに菊にや　比べまし。大輪の花の　数々を　ひとへになして　いとくくり、かごと譲れる　小手毬や、匂ひ桜は　おろそかに、白き一重は　山桜。さらに茂きは　吉野山。睦月に咲きて　秋までも　絶えぬ若木は　いとけなく、李に

祭礼のとき民家の軒に吊るす提灯（ちょうちん）に飾る造花。

花軸　かじく

花穂の中心の軸ともいうべき茎のこと。花軸から伸びた〈花柄（かへい）〉の先に花が一つつく。

花序　かじょ

花茎（かけい）に花が次々咲くにつれて形成される花の並び方のこと。花茎が分岐しながら花が咲き加わっていく結果、〈菜の花〉のように総（ふさ）の形になる「総状花序（そうじょうかじょ）」、〈捩花（ねじばな）〉のように穂の形になる「穂状花序（すいじょうかじょ）」、〈菊〉のように花が花茎のてっぺんにつく「頭状花序」、〈南天の花〉のように分岐した花枝が全体として円錐形になる「円錐花序」などがある。また、花の咲く順番によって、花茎の上から下へと咲いていく花の並び方を〈有限花序〉、逆に多くの花のように下から上へ咲き上っていく並び方を〈無限花序〉という。

花信　かしん

花が開いたという知らせ。花便り。⇩〈花信風〉

似たる　児桜（ちご）。五葉づくりの　殿桜。猶大（なおおき）なる
しばやまや、六出（りくしゅつ）にひらく　わしのをよ。みどり
の萼（がく）に　うつるにぞ、浅黄とは見し。さかてとは
遠く見やれば　酔（ゑ）ゑるなり。たれかはめでん　う
はみそは　かがけし花の　穂をなせる　これぞ南
殿や　犬桜。このかへ名とや　樺桜（かばざくら）。花びら細き
真さくらは　七重や八重の　江戸桜。茎みじかに
て　かさねとみ、ちらん移らふ　いとめづらし。
似て大いなる　法（のり）の輪や、単（ひとえ）もまじる　桐ヶ谷。
すこし譲れど、まじらはて　江戸のたぐふは　楼
間なり。ほのぼのみゆる　有明は、ひとへに咲く
ぞ　げに多き。はまでみるべき　塩竈（しおがま）は、しほ打
よれる　花にこそ、立枝あらけき　とらの尾は、
本末（もとすえ）わくる　ひまもなし。直（ただ）ならぬ枝　長き茎、
これぞ府君よ　二三十　千重（ちえ）にかかれる　提灯
も、大出の茶色　黄桜や、それと名を得し　その
種も、植うればいづれ　変るとを知れ」。

花唇　かしん

花びらを人の唇にたとえた。たとえば〈踊子草〉の花弁は上下の唇を少し開けたような形をしている。やや出っ張っている上唇を笠に下唇を人と見て、笠をかぶった踊り子に見立てる。一方で人の美しい唇を花びらになぞらえていうこともある。

花神　かしん

中国で「花の精」のことをいう。明代の歳時風俗誌『月令広義（げつりょうこうぎ）』などに「**女夷（じょい）は花神なり。魏夫人の弟子にして、花姑（かこ）亦た花神なり**」、女夷は花を咲かせる花の精をいい、仙女の魏夫人の弟子で、花姑もまた花神である、と。また、いわゆる花咲爺（はなさかじじい）のことをいい、花の栽培上手をも意味する。司馬遼太郎の小説『花神』は、幕末・長州の百姓上がりの蘭方医村田蔵六のちの大村益次郎を、過激思想の勤皇の志士や政治主義の西郷隆盛・桂小五郎らと対比しつつ、軍事技術を駆使した合理主義で明治維新の花を咲かせた「花神」として描いている。蔵六大村益次郎が成し遂げたことは、「幕末に貯蔵された革命のエネルギーを、軍事的手段でもっと全日本に普及するしごとであり、…津々浦々の枯木にその花を咲かせてまわる役目であった。…蔵六は花神のしごとを背負った」と。具体的には、西洋的軍事技術者として民衆を最新の洋式小銃で武装させ、近代的歩兵集団を誕生させたこと。それによって倒幕を推進し、最終的に上野の彰義隊を壊滅させて江戸幕府の息の根を止めたこと。さらに西郷隆盛を、無能ながら危険な反革命的人物と見抜き、西南戦争の勃発を予期して対抗軍備を手配していたことである。そして狂信的暗殺者の凶刃に斃（たお）れた最期をみとったのは、鍾愛（しょうあい）の人、シーボルトの娘のイネだった。

花芯　かしん

「花蕊（かずい）」ともいう。花の中心である「雄しべ・雌しべ」のこと。「花心」とも書く。

鵯（ひよ）が来て花芯啄（ついば）む雪椿　平野秋水

花信風　かしんふう

花を咲かせる春風。二十四節気の一月六日ごろの小寒から四月二十日ごろの穀雨までの各気ごとに微妙に異なる春風が吹き、それに応じて各気に特有の花々が開花するとされる。これを「二十四番花信風（にじゅうしばんかしんふう）」という。「信」は便りのことで、花便りをもたらす風。

霞草　かすみそう

茎が立体的な網のように分岐し五、六月ごろ、多数の小花が咲いて全体が霞がかかったように見えるナデシコ科の一年草。桃色の花が咲く種類もある。中央アジアのコーカサス地方原産という。英語名で「赤ちゃんの息（baby's breath）」というとおり、花言葉は「清らかな心」。春の季語。

乳母車通ればそよぐ霞草　石原八束

堅香子の花　かたかごのはな

次項の〈片栗〉の古名。『万葉集』巻十九に「もののふの八十（やそ）をとめらが汲みまがふ寺井の上の堅香子の花」、大勢の娘たちが入れかわり立ちかわり水を汲んでいるお寺の井戸の傍に咲いている片栗の花、と。

片栗　かたくり

山野に自生し、春に淡い紅紫色の花を咲かせるユリ科の多年草。か細い六弁の花びらを反り返らせ、薄紫の美花が下向きに咲く風情がやさしく心に残る。以前は地下茎から片栗粉を採り、古くは「堅香子（かたかご）」といった。日陰の斜面にうつむいて咲くはかない風情から、花言葉は「初恋」。春の季語。

足のべて休む片栗の花あれば　細見綾子

片咲く　かたさく

花が一部分だけ咲き始めること。鎌倉中期成立の『新撰六帖』第六に「**野辺見れば草の初花かたさきてちぢには秋の色ぞまだしき**」、野を見ると秋草の最初の花がちらほら咲きはじめているけれど、秋野全体が秋色につつまれるにはまだだのようだ、と。

かたばみの花

漢字で書くと「酢漿草の花」。「かたばみ」はハート形の葉を図案化して、長曾我部(ちょうそかべ)氏など日本の武家が家紋として用いたが、実は世界中の草地や路傍のどこにでも見かける多年草。五、六月ごろ赤味のある緑色の葉の間から五弁の黄色い花をパッチリと開く。復活祭のころに咲くところから、花言葉は「喜び」。「かたばみの花」は夏の季語。

かたばみが咲いてポンペイ遺跡かな　加藤世津

花壇　かだん

庭園・道路沿い・公園などに区画を設け、花や草木などを植え込んだ場所。「花畑(はなばたけ)」〈花園(はなぞの)〉〈花圃(かほ)〉などみな同じ。秋の季語。

花鳥風月　かちょうふうげつ

日本や中国の四季折々の自然界の代表的な景物と、それらを愛(め)でる雅(みやび)な心。

カトレア　Cattleya

多く冬から春にかけて赤・桃・白・黄色など大輪の艶麗(えんれい)な花を咲かせるラン科カトレア属の洋蘭。美麗な花が多い洋蘭の中でももっとも絢爛(けんらん)豪華。熱帯アメリカ原産で、温室栽培や交配が重ねられ園芸品種が多い。洋蘭の女王ともいえる豪奢(ごうしゃ)な花姿から、花言葉は「優美な貴婦人」「魅惑的」。冬の季語。

回想の輪にカトレアの鉢華やか　小川孝

花被　かひ

〈花冠〉と〈萼(がく)〉をひとまとめにしていう。とくに萼片が花びらのようで花弁と区別がつかないようなときに、まとめて「花被」という。

兜花　かぶとばな

⇩〈鳥兜(とりかぶと)〉

花粉　かふん

種子植物の〈雄しべ〉の先にある〈葯(やく)〉の中に胞子の形で保持されている雄性の生殖細胞。風や動物によって運ばれ雌しべの柱頭につくと発芽して、花粉管を子房の中の胚珠にまで伸ばし、その中を花粉中の精細胞が通って受精し種子ができる。

むき〳〵に花粉こぼして卓の百合　奈良鹿郎

花柄　かへい

〈花軸〉から伸びて花へとつなぐ柄のこと。「花柄」の上につく花は一つだが、花軸の先には複数の花柄が伸び複数の花がつきうる。

花弁　かべん

花びらのこと。三弁・四弁・五弁のものが多く、雄しべが花弁化した「重弁」のいわゆる〈八重咲き〉もある。花弁が一枚一枚離れている〈離弁花〉と、花弁が根もとでくっついている〈合弁花〉に分かれる。

花圃　かほ

公園・庭園などで花を植えた区画。〈花園〉「花畑」。秋の季語。

花圃のもの剪りまじへつつたのしけれ　江口帆影郎

南瓜の花　かぼちゃのはな

南瓜は、夏に鮮やかな黄色の花をつけるウリ科カボチャ属の蔓生一年草野菜。アメリカ大陸原産で、日本にはカンボジアから渡来したのでその名がついた。「唐茄子」とか「南京」の異名がある。「南瓜の花」「花南瓜」は夏の季語。

教師やめむ地上の南瓜花盛り　平畑静塔

蒲の花　がまのはな

蒲は、川辺や池沼の湿地に生え六月から八月ごろ、二メートルほどに伸びた茎の先に黄褐色の花穂を一個つけるガマ科の多年生水草。花穂の上が雄花、下は雌花で、雄花が落ちて上は軸だけとなり下の褐色の雌花だけが残っていわゆる「蒲の穂」となる。花粉に止血作用があり、大国主命が、皮をむかれた白兎を「蒲の穂絮」にくるんで治してやった『古事記』の話が有名。『古事記』上・大国主神に「**その水門の蒲黄を取り、敷き散らしてその上に輾転べば、汝が身本の膚のごとく必ず差えむ**」と。「蒲の花」「蒲の穂」は夏の季語。

古利根の今の昔の蒲の花　草間時彦

蒲の穂に水無月の蟻のぼりけり　岡本癖三酔

雷花　かみなりばな

梅雨の終わりごろ、雷がよく鳴る時分に咲く〈昼顔〉の別名。また〈彼岸花〉のことをいうこともある。

烏瓜の花　からすうりのはな

烏瓜は、藪や農家の生垣などを這うウリ科の蔓生多年草。晩夏の夜、藪の中に白いレースを広げたような美しい花を開くが、朝にはしぼむ。暗闇に奇跡のように開いている繊麗な白い花は一度見たら忘れられない。陶芸家の河井寛次郎は「烏瓜の花は、誰にも見られない葎藪の中に、心をこめてありったけの思いをこらして自分の形をこしらえていたが、烏にしか認められなかったその実と共に、この花も亦ちやほやされるのがいやなのかもわからない」と記している（「雑草雑語」）。

朱色に熟した小さな楕円形の実の表面には、瓜であることを示す白い筋模様がある。「烏瓜の花」は夏の季語。

花見せてゆめのけしきや烏瓜　阿波野青畝

烏柄杓　からすびしゃく

田畑や土手などに生えるサトイモ科の多年草。六月ごろ紫がかった緑の仏炎苞（仏像の光背のような苞葉）に包まれた黄白色の花穂を出す。根茎は「半夏」といい漢方薬にされる。夏の季語。

ぬきん出しからすびしやくの茎あをし　近藤忠

からたちの花

漢字で書くと「枳殻の花」。「からたち」は、四月ごろ葉が出る前に白い五弁の花をつけるミカン科の落葉低木。「唐橘」の略だといい、秋に球形の黄色い実が生るが、蜜柑のようには食べられない。『万葉集』巻十六に「からたちの茨刈り除け倉建てむ屎遠くまれ櫛造る刀自」、からたちの棘のある茨を刈り取って倉を建てよう。うんちはもっと遠くでしなよ、櫛作りのおばさん、と。

北原白秋「からたちの花」に「からたちの花が咲いたよ。白い白い花が咲いたよ。／からたちのとげはいたいよ。青い青い針のとげだよ」。棘を利用して生垣などとして植栽される。「枳殻」は「きこく」とも読む。人それぞれの過去の情景をしのばせるゆえか、花言葉は「思い出」。「からたちの花」は、春の季語。

からたちの花咲く径の幾曲り　兼巻旦流子

唐花　からはな

唐風の花の花弁を図案化して紋章としたもの。家紋の「梅鉢（うめばち）」や「酢漿草（かたばみ）」のように特定の花をもとにしたものではない。

臥竜梅　がりょうばい

幹は地面近くを低く這い、枝が地に垂れた姿は大地に臥（ふ）す竜を思わせる梅の木。春、淡紅色の花を咲かせる。春の季語。

臥竜梅磴（とう）は畳に畳みたる　阿波野青畝（「磴」は石段）

かりんの花

漢字で書くと「榠樝の花」。「かりん」は晩春、葉と同時に薄紅（うすくれない）の五弁の美花を開くバラ科の落葉中高木。中国原産で古くに渡来し、「林檎（りんご）」や「梨」と近い種だが、秋に生（な）る実は生では食べず砂糖漬けや果実酒にする。食用にする「マルメロ」を「西洋かりん」ということがある。「かりんの花」は春の季語で、その美しい花姿から、花言葉は「豊麗」また「唯一の恋」。

榠樝の花数へたくなるやさしさに　相馬遷子

枯尾花　かれおばな

「尾花」は穂の出た〈すすき〉のこと。葉も穂も枯れた「枯すすき」。冬の季語。

枯れ枯れて光をはなつ尾花かな　几董

枯菊　かれぎく

初冬まで咲き残った残菊がさらに永らえると「枯菊」となる。葉や茎は枯れしおれても、花は散らずに立ち尽くしている。その哀れな風情の中に俳人たちは一種の「艶」を見出す。剪（き）って焚(た)くとよい香りが立つ。「凍菊(いてぎく)」ともいう。冬の季語。

枯菊を焚く美しき焔揚げ　池山浩山人

河津桜　かわづざくら

静岡県賀茂郡河津町などで、毎年二月上旬から咲きはじめ、三月上旬まで一ヵ月間にわたって咲く早咲きの桜。花が大きく濃いピンク色なのが特徴。カンザクラとオオシマザクラの自然交配によるものと考えられていると「伊豆河津桜まつり情報局」HPにある。

河原撫子　かわらなでしこ

〈撫子〉の異称。河原などによく咲いているところからいう。⇩〈撫子〉

寒花　かんか

冬の寒さにもめげず咲いている花。また雪のことを詩的にたとえる。「かんばな」ともいう。

寒菊　かんぎく

「寒菊」には二種類あり、一つは冬まで咲き残っている普通の菊で〈冬菊〉ともいう。もう一つは西日本に自生する「油菊」を栽培した園芸品種で、江戸時代の俳諧歳時記で季語解説書の『滑稽雑談(こっけいぞうだん)』に「**寒菊、葉も花も常の菊より細かなり。十月**（旧暦）**に黄花を開きて、臘月(ろうげつ)**（旧暦十二月）**に至る**」とし、花のない時分に咲くので賞(め)でられる菊だといっている。「霜菊」ともいう。冬の季語。

寒菊の雪をはらふも別(わかれ)かな　室生犀星

観菊　かんぎく

白菊、黄菊、大輪の菊花、懸崖(けんがい)仕立ての小菊…。丹精こめて世話をし、美しく咲き競っている菊の花々を観賞すること。

寒紅梅　かんこうばい

梅の園芸品種で、寒のさなかに紅い八重の花を咲かせる寒梅。⇩〈寒梅〉

寒桜　かんざくら

九州地方や沖縄県など温暖の地で、二月ごろから咲く開花時期の非常に早い桜。〈山桜〉の一変種の〈緋寒桜(ひかんざくら)〉をいうこともある。冬の季語。

寒桜人もをらずに咲きにけり　大峯あきら

元日草　がんじつそう

正月花として鉢植えなどにされる〈福寿草〉の別名。旧暦では正月（現在の二月）に開花したところから、その名がついた。⇩〈福寿草〉

甘蔗の花　かんしょのはな

甘蔗は砂糖黍のことで、葦に似た葉の中に立つ茎の先に灰白色の花穂を伸ばすイネ科の多年草。沖縄県の主要農産物の一つで、茎のしぼり汁から砂糖を製造する。「甘蔗の花」は冬の季語。

久米島はうすむらさきや甘蔗の花　橋本利衛

完全花　かんぜんか

花冠・蕚・雄しべ・雌しべの四つが全部そろっている花。⇩〈不完全花〉

萱草の花　かんぞうのはな

萱草は、夏の野や土手で赤橙色のラッパ状の花を咲かせるワスレグサ科の常緑多年草。一重の「野萱草」と八重の「藪萱草」があり、昼咲きまたは夜咲きの〈一日花〉である。中国・三国時代の魏の嵆康が健康長寿について著した『養生論』に「**合歓は忿りを蠲き、萱草は憂いを忘る。愚智共に知る所なり**」とあり、中国では「萱草」の若葉を食べると憂苦を忘れるとは誰でも知っていることだとされた。日本では『今昔物語集』三十一に「**萱草といふ草こそ、其れを見る人、思ひをば忘るなれ**」、花の美しさが憂いを忘れさせるといわれ〈忘れ草〉の異名がついた。さらに、〈恋忘れ草〉とも呼ばれるようになった。「花萱草」ともいう。「萱草」とも読む。夏の季語。

萱草や浅間をかくすちぎれ雲　寺田寅彦

寒椿　かんつばき

〈椿〉は木偏に春と書くとおり一般には春の花だが、冬に咲く早咲きのものが「寒椿」。一〇月ごろから真冬にかけ〈山茶花〉に似た小ぶりの紅い花をつけるツバキ科の常緑低木。椿のように花全体がポトリと落花するのでなく、花びらが山茶花と同じように一枚ずつ散る。白花もある。〈冬椿〉ともいう。花言葉は、山茶花と同じ「謙虚」。冬の季語。

寒椿落ちたるほかに塵もなし　篠田悌二郎

カンナ　Canna

夏から秋にかけ、長い花茎の先端に赤・白・桃色・黄色などの豊麗な花を咲かせるカンナ科の多年草。大形の花びらに見えるのは実は変形した雄しべ。地下に大きな根茎があり、広大な葉は「芭蕉」の葉に似ている。炎暑の候に堂々と咲くところから、花言葉は「快活」「情熱」。秋の季語。

一頁のこしカンナの駅に着く　山田桂三

寒梅　かんばい

寒のさなかに咲く梅。梅は早春の花だが、『万葉集』巻八に「**今日降りし雪に競ひてわがやどの冬木の梅は花咲きにけり**」とあるように、真冬に咲くものもある。冬至のころに咲く〈冬至梅〉、寒のさなかの〈寒紅梅〉など。「雪梅」ともいう。いずれも冬の季語。

寒梅の固き蕾の賑しき　高浜年尾

冬至梅蕾微塵に暮れゆけり　百合山羽公

観梅　かんばい

梅の花を愛でること。⇩〈梅見〉

寒緋桜　かんひざくら

⇩〈緋寒桜〉

寒木瓜　かんぼけ

木瓜はバラ科の落葉低木で一般に春の花だが、暖かい土地では寒中に咲くものがある。また鉢植えにした観賞用のものを冬の窓辺に置いて楽しむ。これらを「寒木瓜」または「冬木瓜」という。冬の季語。

寒木瓜の上を園児の笑ひ過ぐ　中村梶子

寒牡丹　かんぼたん

〈牡丹〉は一般に春と秋に咲くが、とくに冬に観賞するため、春の蕾は摘み取り、秋の蕾が晩秋から春先にかけて開花するように仕向けたもの。藁苞などで囲って育てる。〈冬牡丹〉ともいい、花はやや小ぶりである。冬の季語。

二上の一峰翳る寒牡丹　石川魚子

ひうひうと風は空ゆく冬ぼたん　鬼貫

木苺の花　きいちごのはな

木苺は、野山に自生し晩春、梅の花に似た白色五弁の花をつけるバラ科キイチゴ属の落葉小低木。夏に赤く稔る果実は小さな粒々の実がたくさん集合したもので食用になる。「ラズベリー」「ブラックベリー」などは栽培種の木苺である。「木苺の花」の美しさは山野の自然を背景とした野生の美であると、水原秋櫻子は言っている（『俳句歳時記』）。春の季語。

木苺の花を日照雨の濡らし過ぐ　金子伊昔紅

祇園の夜桜　ぎおんのよざくら

京都市東山区の円山公園にある樹高一二メートルに達する有名な〈枝垂桜〉が開花すると、夜はライトアップされて大勢の夜桜見物の人出でにぎわった。が、混雑の激しさからライトアップ中止の報も流れる。

偽花　ぎか

菊の花茎の先につく頭状花のように、一個の花のように見えて実際は多数の小さな花の集まりであるものをいう。

桔梗　ききょう

山の日当たりのよい草地に自生し夏から秋に、青紫色の浅い漏斗形の清らかな花を咲かせるキキョウ科の多年草。古刹・名園に多く咲き、園芸品種には白花もある。「きちこう」ともいい〈秋の七草〉の一つ。『源氏物語』手習に「**垣ほに植ゑたる撫子も、おもしろく、女郎花・桔梗など、咲きはじめたるに**」、薫大将を愛しながら匂宮との板挟みに苦しみ川に身を投げたものの一命を救われた浮舟がいま身を寄せている庵室の、垣根の傍に植えてある〈撫子〉も趣き深く咲き、〈女郎花〉や桔梗なども咲きそめているところへ、と。風情のある花姿から、花言葉は「気品」「変わらぬ愛」。秋の季語。

八ケ岳雲にうかべる野の桔梗　水原秋櫻子

菊　きく

春の桜に対して秋は菊と対比され、わが国の〈国花〉ともされるキク科の多年草。秋に花茎(かけい)の先に白・黄色・桃色・紅色などの頭花(とうか)をつけ、気品高く清々しい香りがする。奈良時代ごろに中国から伝来したとされ、梅・竹・蘭とともに〈四君子〉の一つに数えられて古来数多くの詩歌に詠まれてきた。中国・六朝時代の大詩人陶淵明の五言「雑詩」に「**菊を東籬(とうり)の下(もと)に采(と)り、悠然として南山を見る**」。また『古今集』巻五には「**心あてに折らばや折らむ初霜のおきまどはせるしらぎくの花**」、およその見当だけつけて折り取ろう、初霜の白にまぎれてどこに咲いているのかわからない白菊の花を、と。皇室の紋章としても知られ、花言葉は「高貴」「高潔」。また、西洋では寒さの厳しい時期に美しく咲くところから、「元気」。秋の季語。

菊の香や奈良には古き仏たち　芭蕉

有る程の菊抛(な)げ入れよ棺の中　夏目漱石

咲かずの桔梗(ききょう)

下総(しもうさ)地域（千葉県北西部から茨城県にかけて）には、「咲かずの桔梗」の伝説がある。平安時代中期、霊力を揮(ふる)って七人の影武者を操り北関東を支配した平将門は、かつて叔父の平良兼から奪った美女桔梗御前を愛妾としていた。乱に敗れ将門の敗色が濃くなると、桔梗は城を抜け出し敵将藤原秀郷に通じて、七人の影武者の中でこめかみが動くのが本物の将門だと通報する。次の戦いのとき秀郷がこめかみの動く武将めがけて矢を射ると、影武者は雲散霧消してあとに将門の死体が横たわっていた。その後、口封じのため殺されたのか、あるいは本懐を遂げて自裁したのか、桔梗御前も落命する。以来その怨念ゆえか、この地の桔梗は花が咲かないとの伝説が生まれた。が、作家大岡昇平はその著『将門記』の中で、「咲かずの桔

菊合せ きくあわせ

平安時代以降の宮中で人々が二手に分かれ、持ちよった菊の花の優劣を競った遊び。和歌を詠み合うことが多い。

菊襲 きくがさね

かつては季節や場面によって衣服の配色が決まっており「襲の色目」と称したが、九月に着る衣服の白と蘇芳色（くすんだ紅）の取り合わせなどを「菊襲」といった。秋の季語。

いくへにもよろこびごとの菊襲　富安風生

菊供養 きくくよう

東京浅草の浅草寺で一〇月一八日（もとは旧暦九月九日）に行われる菊花の供養。お参りの人は境内で売っている菊を買って仏前に供え、代わりにすでに供えてあった菊と取り換えて持ち帰る。そうすると災難や病気を免れることができるという。秋の季語。

知らで寄ることのゆかしき菊供養　永井東門居

梗」は相馬桔梗を漢方薬として販売する商人の広めた作り話だと示唆している。漢方薬は桔梗の根から作るので、根に養分を行き渡らせるために花は蕾のうちに摘み取られるので咲かないのだ。

菊酒 きくざけ

旧暦九月九日の〈重陽の節句〉に供する菊の花をひたした霊酒。長寿の祝いに飲み、長寿の願いをこめて飲む。

菊慈童 きくじどう

中国・周の時代、皇帝の枕をまたいだという咎を受けて山中に捨てられた、慈童という少年を題材にした能楽の曲。慈童が菊の葉に法華経の文句を書いたところ、菊の葉のしずくが不老不死の霊薬となり、それを飲んで七〇〇年の齢を保ち、菊花の咲き乱れる中で楽しく舞楽を奏する。

菊月　きくづき
菊花の季節である旧暦九月の別名。秋の季語。

菊作り　きくづくり
菊を丹精こめて育てること。秋の季語。吉川英治作といわれる句に「**菊作り咲きそろふときは陰の人**」がある。

菊人形　きくにんぎょう
人形に菊の花で作った衣裳を着せ、芝居の名場面などを再現した展示。江戸の雰囲気が感じられ、かつては本郷の団子坂や浅草の花屋敷、いまでは一〇月の行楽シーズンに郊外の遊園地などで見かける。秋の季語。

菊人形たましひのなき匂かな　渡辺水巴

菊の宴　きくのえん
旧暦九月九日の〈重陽の節句〉に行われた観菊の宴。酒杯に菊の花びらを浮かべて飲む。『大鏡』時平に「**九月の今宵、内裏にて菊の宴ありしに、この大臣(おとど)の作らせ給ひける詩を、帝**（醍醐）**かしこく感じたまひて、御衣(おんぞ)をたまへりし**

菊枕──虚子と久女

「菊枕」とは、菊の花を摘み取り乾燥させて詰めた枕。中国で菊は邪気を払い頭痛や眼病に効験があるとされた。九月九日の重陽の日に摘み取った菊で作るのがいいとされる。
松本清張の短編「菊枕」は「**花衣ぬぐやまつはる紐いろ〳〵**」の名句で近代俳句史に名を残す大正・昭和の美貌の女流俳人杉田久女(ひさじょ)の半生を描いた作品。傑出した俳句の才を高浜虚子に見出され寵愛(ちょうあい)された。久女は心から敬愛する虚子の健康を念じ、手ずから「菊枕」を縫って師に捧げる。しかし高まる名声ゆえに周囲と軋轢(あつれき)が生じ、加えて不如意な家庭生活に苛(さいな)まれ、いつしか師の不興を買うにいたる。ついに「ホトトギス」同人を除名され、あげく心身を損なって滅んでいく姿が傷ましい。「菊枕」は秋の季語。

を」、九月九日の夕べ御所で重陽の節句の宴があった折に、菅原道真が作った詩を醍醐帝が高く評価し、褒美に衣裳を下賜なさったのを、と。「菊の節会（せちえ）」「重陽の宴」「菊水の宴」などともいう。

菊の賀　きくのが

菊花の咲く時期に合わせて催す長寿を祝う宴。

菊のカーテン　きくのカーテン

天皇家の紋章が菊であるところから、皇室・皇族と国民との間を隔てる仕切りをいう。

菊の被綿　きくのきせわた

旧暦九月八日の夜、宮中の庭に咲いている菊花に綿をのせ、翌日の重陽の日に菊の香のする夜露・朝露を含んだ綿で顔を拭くなどして長寿を願った習俗。「菊綿」ともいう。秋の季語。

菊の盃　きくのさかずき

旧暦九月九日の重陽の節句に飲む、盃に菊の花びらを浮かべた酒。「菊の酒」ともいう。秋の季語。

> 白妙の菊の枕を縫ひ上げし　杉田久女
>
> 虚子に届ける菊枕を縫い上げたときに詠んだ三句のうちの一つという。

菊の酒あた、めくれしこ、ろざし　星野立子

菊の雫　きくのしずく

菊の花びらに置いた夜露・朝露などの雫。飲むと長寿になると信じられた。「菊の露」ともいう。菊花の下を流れる「菊の下水（したみず）」も同じ効果があるとされた。

菊の節句　きくのせっく

五節句（旧暦一月七日・三月三日・五月五日・七月七日・九月九日）の一つで、旧暦九月九日の〈重陽の節句〉のこと。「菊の節会（せちえ）」ともいう。秋の季語。

菊の露　きくのつゆ

⇩〈菊の雫（しずく）〉

菊の花包み　きくのはなづつみ
重陽の節句の折に菊の花を包む紙の折り方。

菊の日　きくのひ
⇩〈菊の節句〉〈重陽の節句〉

菊の間　きくのま
襖に菊の絵が描かれている座敷。京都・西本願寺白書院、二条城黒書院などが知られており、江戸城の表座敷にもあったという。

菊日和　きくびより
菊の花が盛りのころの秋晴れのよい天気。秋の季語。

菊日和虻連れ立ちて来りけり　高田風人子

黄桜　きざくら
八重咲きの濃く鮮やかな黄花を咲かせる里桜の園芸品種。

黄水仙　きずいせん
三、四月ごろ六弁の鮮やかな黄色い花をつける、ヒガンバナ科スイセン属の球根草。南ヨーロッパ原産で香気が高い。水仙は冬の季語だが、「黄水仙」は春の季語。

異教徒の祈りは長し黄水仙　青柳志解樹

気違い花　きちがいばな
咲く時節でないときに咲いている花。現在では死語となった不適当な表現。

桔梗　きちこう
〈桔梗〉の古い呼び方。『古今集』巻十に「**秋ちかう野はなりにけり白露のおける草葉も色かはりゆく**」、初句「あきちかう」に「きちかう」の花名を詠みこみ、秋が近づき露けくなった野の草の色も変わっていく、と詠っている。⇩〈桔梗〉

菊花展　きっかてん
丹精して咲かせた菊の花の品評会。一〇月ごろ、神社や寺の境内の一角などで、大輪、懸崖作りなど粋をこらし、優美な名をつけた菊花が妍を競う。秋の季語。

みちのくの小さき駅の菊花展　桜井左右太

狐の提灯　きつねのちょうちん

山林の樹下などに群がり生え五月ごろ、葉の付け根から三センチほどの筒形の白花を釣り下げるイヌサフラン科の多年草。花の形が野道を照らす「提灯」を連想させるところからの名。また寺社の堂塔に釣り下げてある「風鐸（ふうたく）」にも似ているところから「宝鐸草（ほうちゃくそう）」という異名もある。夏の季語。

狐の提燈古みち失せて咲きにけり　水原秋櫻子

狐の牡丹　きつねのぼたん

野道や湿地に生える雑草で春から夏、やや黄緑色の小花をつけるキンポウゲ科の多年草。有毒植物で触れるとかぶれる。春の季語。

狐にも狐の牡丹咲きにけり　相生垣瓜人

きぶしの花

漢字で書くと「木五倍子の花」。「きぶし」は、山野の丘陵や林道などに生え早春、葉が出る前に淡い黄色の花が、鈴が連なったように垂れ下がって咲くキブシ科の落葉低木。昔女性が果実を粉にして、お歯黒に用いた五倍子（ふし）（白膠木（ぬるで）の若葉からとるタンニン材）の代用としたのでその名がある。「きぶしの花」「花きぶし」は春の季語。

仄（ほの）かなる闇得てそよぐ花きぶし　上野蕗山

貴船菊　きぶねぎく

古く中国から渡来したキンポウゲ科の多年草。京都市左京区の貴船のあたりに多く見られ、秋に淡い紅紫色の花を咲かせる。〈秋明菊（しゅうめいぎく）〉ともいう。秋の季語。

歌刻む仏足石や貴船菊　下村かよ子

貴船菊（きぶねぎく）

擬宝珠の花　ぎぼうしのはな

「擬宝珠」は夏から秋にかけて、葉の間から伸ばした長い花茎(かけい)に青紫や白の漏斗(じょうご)状の花を咲かせるクサスギカズラ科の多年草の総称。蕾(つぼみ)が橋の欄干の擬宝珠に似ているところからその名があるといわれるが、江戸時代の百科事典の『和漢三才図会』巻九十五は「**玉簪(ぎぼうし)、葉闊円(かつえん)にして末尖(とが)り、橋の欄干(ぎぼうし)の形に似る。故に俗に呼んで岐保宇之と名づく**」と、葉の形が橋の欄干の擬宝珠に似ているからその名がついたと言っている。「ぎぼし」とも。夏の季語。

　擬宝珠咲き暦に残る梅雨五日　沢田弦四朗

君影草　きみかげそう

〈鈴蘭〉の別名。大きな葉の陰にゆかしく咲く「鈴蘭」の可憐な姿が、遠い日の恋人の面影を連想させるところから、その異名となったという。⇩**〈鈴蘭〉**

毬花　きゅうか

松・杉・檜(ひのき)など針葉樹類の毬(まり)の形をした生殖器

半年紅と百日紅　倉嶋 厚

この夏は暑さが早く始まり、厳しかったせいか、東京では炎天の花、キョウチクトウが梅雨入り前の六月前半に咲き始めた。この花は木全体が赤く燃えるように咲いたかと思うとしぼんで緑の木に戻り、また別のつぼみが一斉に開いて赤く染まる。今年は特に、そのような「赤い吐息」の繰り返しが見事で回数も多かった。花期が長いので別名は半年紅、花言葉は枝や葉から出る乳液に毒があることから「気をつけて下さい」。

キョウチクトウと並ぶ代表的な晩夏の花はサルスベリ。やはり花期が長いので百日紅の字があてられ、「**散れば咲き散れば咲きして百日紅**」（千代）と詠まれている。花言葉は「雄弁」「潔白」。キョウチクトウにもサルスベリにも白い花の種類がある。

官（雌花）で、松の毬花が成熟すると松ぼっくりになる。

胡瓜の花　きゅうりのはな

胡瓜は、初夏にやや皺（しわ）のある黄色い五弁の花をつけるウリ科の蔓生（まんせい）一年草。長い円柱形の実は表面に棘（とげ）があり、青いうちに食用とする。熟すと黄色くなる。「黄瓜」とも書く。小学二年生宮前帆汰君の詩「きゅうりの花」――「**ぼくはきゅうりの花を／はじめて見た／きゅうりとちがって／たべもののすくない／の原のようなにおいがした／色は黄色で　小さな花だ**」（『２０２人の子どもたち　こどもの詩　2004〜2009』より）。「胡瓜の花」「花胡瓜」は夏の季語。

野は濡れて朝はじまりぬ花胡瓜　有馬籌子

狂花　きょうか

小春日和がつづいたときなど、時ならぬ暖かさに誘われて咲く季節外れの花。「くるいばな」。

供花　きょうか

死者に供える花。⇩「供花（くげ）」

一方、東日本の山間部などでは、ハギやススキが咲き始め、夏の花から秋の花へ「季節のバトン」が渡されている。（一九九〇年）（『お天気衛星』〈丸善〉より再録）

夾竹桃　きょうちくとう

炎暑にもめげず濃い紅色や純白の花を咲かせるキョウチクトウ科の常緑低木。カンカン照りの下でも気品のある花姿をしているが、排気ガスなどにも強く、高速道路わきなどによく植えられている。八重咲きもある。強い毒をもつといわれ、花言葉は「注意」「危険な愛」。夏の季語。

夾竹桃ピカドンの日をさりげなく　平畑静塔

霧島つつじ　きりしまつつじ

〈山つつじ〉と〈深山霧島（みやまきりしま）〉を交配して作った園芸種。庭園の植栽や盆栽で人気があり、四、五月に紅色の花を隙間もないほど密につける。

春の季語。

きりしまや葉一つなき真盛　富安風生

桐の花　きりのはな

桐は、初夏に紫色の花を咲かせるキリ科の落葉高木。高さは一〇メートル以上にもなり、葉は掌（てのひら）形ないしハート形をして直径三〇センチほどもある。全国に分布し木材にすると軽くて湿気を通さないので和家具・下駄などに用いられてきた。

『枕草子』三十七に「**桐の木の花、むらさきに咲きたるはなほをかしきに、葉のひろごりざまぞ、うたてこちたけれど、こと木どもとひとしういふべきにもあらず**」、桐の木の花が紫色に咲いているのは格別趣きがあるが、葉っぱが度を越して大きすぎるのは煩わしい気がする。とはいえ並の木と同格に論ずるべきではないだろう、と。五月ごろ円錐状に咲く桐の花の紫色の花姿は清楚で気品高い。しかし意外なことに「桐一葉（きりひとは）」などともっぱら秋の景物として取り上げられてはきたが、「桐の花」が古歌に詠まれた例はほとんどない。北原白秋の第一歌集の標題は『桐の花』。俳句では「桐の花」「花桐」は夏の季語。

切り花　きりばな

生け花にしたり墓前に供えたりするために枝・葉ごと切り取った花。

桐の花うす化粧して老いんかな　原コウ子

きりん草

漢字で書くと「麒麟草」。「きりん草」は、山地や海辺の岩地などに生え夏、よく見ると星形をした黄色の小花をびっしりとつけるベンケイソウ科の多年草。黄色の花が輪の形に咲くから「黄輪草」で、転じて「麒麟草」になったという説がある。夏の季語。

霧の中ほの温き日のきりん草　村田脩

槿花　きんか

〈木槿（むくげ）〉の花。朝咲いて夕方にはしぼむといわれ、同様の〈朝顔〉の別名ともされた。栄華の儚(はかな)いことをたとえた「槿花一日の栄」「槿花一朝の夢」という成語がある。

槿花一日の栄 きんかいちじつのえい

⇩巻末「花のことわざ・慣用句」

金魚草 きんぎょそう

夏、茎の先に黄・赤・橙(だいだい)など金魚を思わせる花を総状(そうじょう)につけるオオバコ科の多年草（栽培種は一年草）。花壇・鉢物・切り花など観賞用の園芸品種が多い。花は「唇形花(しんけいか)」で、つまむと上下に分かれ金魚の口のようにパクパクするところから、花言葉は「おしゃべり」「でしゃばり」。西洋では動物の顔に似ていると見たてて、「粗野」。夏の季語。

金魚草よその子すぐに育ちけり 成瀬桜桃子

金銀花 きんぎんか

〈すいかずらの花〉の異名で、はじめ白い花が黄色に変わり一本の蔓(つる)に白花と黄花が入り混じって咲くので「金銀花」という。夏の季語。⇩〈すいかずらの花〉

灯をこぼし香を点じたり金銀花 見市六冬

金盞花 きんせんか

四、五月ごろから茎の先に直径三〜五センチほどの黄橙色(きだいだいいろ)の頭花(とうか)をつけるキク科の一年草。冬も暖かい房総半島や淡路島などでは二月ごろから切り花用に咲かせて出荷している。春から初夏まで数ヵ月にわたって長く咲くので「長春花」、時節を選ばず始終咲いているので「時知らず」の異名がある。太陽神アポロンに恋したが嫉妬がもとでこの花に化身させられたというギリシア神話の妖精(ニンフ)にちなんで、花言葉は「嫉妬」「別れの悲しみ」。春の季語。

金盞花淡路一国晴れにけり 阿波野青畝

金鳳花 きんぽうげ

野山の草原に生え晩春から初夏、長く伸びた茎の先に直径二センチほどの黄色い光沢のある花をつけるキンポウゲ科の多年草。一重咲きのものは葉の形が馬の蹄(ひづめ)の痕に似ているので「うまのあしがた」という異名がある。花言葉は、花の姿のとおり「輝くほどの魅力」。春の季語。

阿弥陀堂閉して雨の金鳳華　長谷川史郊

金木犀　きんもくせい

中秋に黄橙色（きだいだいいろ）の小花をたくさん咲かせるモクセイ科の常緑小高木。民家などの庭木や生垣によく植えられており、一〇月ごろ住宅街を歩いているとどこからともなく芳香がただよってきて、やがて当の樹に行き当たる。遠くまで芳香が漂うので〈九里香（くりこう）〉の異名があり、すばらしい香りの割には花が小さいので、花言葉は「謙虚」「気高い人」。秋の季語。

金木犀こぼれて押すや乳母車　内藤吐夫

銀木犀　ぎんもくせい

晩秋に白い花をつける木犀。秋の季語。

富士に雪来にけり銀木犀匂ふ　伊東余志子

銀葉アカシア　ぎんようアカシア

⇩〈ミモザ〉

供花　くげ

葬儀・仏事などで霊前・墓前に花を供えること。「きょうか」とも読み、「供華」とも書く。平安時代末の藤原俊成の自撰私歌集『長秋詠藻』の題詞に「**法住寺殿にて院の御供花の時の会に両方聞郭公といふことを**」として「**ほととぎす二村山を尋ぬればみねをへだててなきかはすなり**」とある。

草の花　くさのはな

野に咲いている〈撫子（なでしこ）〉や〈吾亦紅（われもこう）〉など名のある草花、あるいはその他の名も知らぬ花をすべてひっくるめた野の花をいう。可憐で地味な花が多く〈千草の花〉といわれるほど種類が多い。とくに〈秋草の花〉をいう。『枕草子』六十七に「**草の花は　なでしこ、唐（から）のはさらなり、大和のもいとめでたし**」と書き出して、さまざまな草花について感想を述べている。秋の季語。

身のまはりは草だらけみんな咲いてる　種田山頭火

孔雀草　くじゃくそう

鉢や花壇に植えられる園芸品種で七、八月ごろ、コスモス形の花弁の中心が黄褐色の目玉模様をした頭花(とうか)をたくさんつける、キク科の一年草。目玉模様から「蛇の目草」ともいい、多数の目玉が群がって咲くようすは孔雀が羽を開いたところを連想させるところからその名がついた。目玉模様のない濃い橙色(だいだいいろ)のダリア形の舌状花をつける種類は〈マリーゴールド〉と呼ばれている。花言葉は「可憐」また「一目惚れ」。夏の季語。⇩〈マリーゴールド〉

孔雀草かがやく日照続くかな　水原秋櫻子

葛の花　くずのはな

葛は、山野に自生し晩夏から秋にかけて、藤に似た美しい紅紫色の花を穂状に咲かせるマメ科の蔓生(まんせい)多年草。葉裏が白く風に翻(ひるがえ)るさまが印象的なところから「葛の裏風」、子別れの「うらみ葛の葉」などと和歌・説経節に詠みつがれてきた。近代に至って葉ばかりでなく花も注目されるようになり、釈迢空に「**葛の花　踏みしだかれて、色あたらし。この山道を行きし人あり**」と。〈秋の七草〉の一つ。「葛の花」は秋の季語。

葛咲くやいたるところに切通　下村槐太

朽木桜　くちきざくら

老木となり幹が枯れ朽ちた桜木。謡曲「熊野(ゆや)」に「**なにとやらんこの春は、年古り増さる朽ち木桜、今年ばかりの花をだに、待ちもやせじと心弱き**」、今年の春はなんとなく、老いさらばえた朽木桜のように、今年限りの花を咲かせるのを待つこともなく命が尽きるのではないか、などと気弱になり、と。

くちなしの花

漢字で書くと「梔子の花」。「くちなし」は山地に生え夏、雪のように白い高い香りのする六弁の花を咲かせるアカネ科の常緑低木。熟しても実が割れないので「くちなし」の名がついたという。実から黄色の染料が取れる。西欧では男性が、好きな女性に贈る花の代表で、花言葉は「清楚」「洗練」。「梔子の花」は夏の季語。

辞してなほくちなしの香のはなれざる　中田余瓶

熊谷草　くまがいそう

山野の林間などに生え四、五月ごろ、大形の葉の間から直立させた花茎（かけい）に、紅紫色の点のある白っぽい袋状の花を咲かせるラン科の多年草。袋状の花形を源平の一谷（いちのたに）の合戦で平敦盛（たいらのあつもり）を討ち取った熊谷次郎直実（くまがいじろうなおざね）の母衣（ほろ）と見立てた名。いっぽう特異な花姿が着飾った貴婦人を連想させるところから、花言葉は「気まぐれな貴婦人」。春の季語。⇩コラム「敦盛草（あつもりそう）と熊谷草」（二四頁）

雲居の桜　くもいのさくら

宮廷の庭に咲いている桜。「雲居」は雲の上で「宮中」の意。

グラジオラス　Gladiolus

剣のような形をした葉の間から花茎（かけい）を伸ばし夏、赤・黄・白などの花を穂状に咲かせるアヤ

虞美人草（ぐびじんそう）

「虞美人草」は、西アジアあるいはヨーロッパ原産ともいうケシ科の〈ひなげし〉の異名である。中国古代秦（しん）末、漢の劉邦（りゅうほう）によって垓下（がいか）に包囲され、四面楚歌の中で故国楚もついに漢の手に落ちたと察した項羽は、寵姫（ちょうき）虞美人を傍らに別れの酒宴を開いた。「**力**（ちから）**、山を抜き、気は世を蓋**（おお）**う。時利あらず騅逝**（すいゆ）**かず。騅逝かず奈何**（いかん）**すべき、虞や虞や若**（なんじ）**を奈何せん**」と辞世の詩を吟じたのち、項羽は従容（しょうよう）として死地に赴いたという。「騅」は千里を走るという項羽の愛馬の名。後を追うように虞美人が自剄（じけい）すると、迸（ほとばし）った鮮血は地を流れ、やがて「ひなげし」の花と化したという。あるいは葬った墓から「ひなげし」が萌え出たとも言い伝える。この故事から、のちの人は「ひなげし」を「虞美人草」と呼ぶようになった。⇩〈ひなげし〉

メ科グラジオラス属の多年草の総称。葉の形が古代ローマの剣闘士が持った剣（gladius）を思わせるところからついた名だという。「和蘭（オランダ）あやめ」「唐菖蒲（とうしょうぶ）」の異名がある。むかし西欧で人目を忍ぶ恋人がこの花を相手に届け、咲いている花の数で逢引きの時間を伝えたというエピソードから、花言葉は「忍び逢い」「密会」。夏の季語。

少女ねむるグラジオラスに口開けて　川口波丈

九里香　くりこう

〈金木犀（きんもくせい）〉の別名。九里もへだたった遠くまで芳香をただよわせるところからの名。

クリスマスローズ

一二月から二月ごろ、白や薄紫などの花（実は萼（がく））を開くキンポウゲ科の常緑多年草で学名「ヘレボルス」。ヨーロッパ・地中海地方に分布し、日本へは明治期に渡来した。ちょうどクリスマスの時期に咲く「ヘレボルス・ニゲル」を「クリスマスローズ」と呼ぶ。人に憑（つ）いた悪霊（憂鬱）を取り除くとの西洋の言い伝えから、花言葉は「慰め」。冬の季語。

クリスマスローズ気難しく優しく　後藤比奈夫

栗の花　くりのはな

栗は、初夏のころ一〇〜一五センチほどの黄白色の毛虫のような雄花を垂らし、強い匂いを放つブナ科の落葉果樹。生臭い臭気がスペルマの匂いに似ているとの俗説がある。雌雄同株で、この雄花の根もとに目立たない雌花がつき、受粉すると一〇月ごろ「いが」に包まれた実が熟す。「栗の花」は夏の季語。

栗咲く香にまみれて寡婦の寝（い）ねがたし　桂信子

九輪草　くりんそう

山間の湿地に生え五、六月ごろ、菜っ葉のような葉の間から伸ばした花軸の周囲に紅紫色の花を咲かせるサクラソウ科の多年草。長い茎の周りに花が二〜五ほどの段をなして咲いている形が、寺の五重塔の先端の九輪に似ているのでその名がある。多くの花が元気いっぱいに咲いている姿から、花言葉は「青春の希望」。夏の季語。

九輪草四五輪草でしまひけり　一茶

狂い咲き　くるいざき

本来その花が咲く時節でないのに咲くこと。時期はずれに咲いている花で〈返り咲き〉も同様。また、その花本来の形とは違う珍しい形に咲いている花のこともいう。⇩**〈返り咲き〉**

車百合　くるまゆり

高山の草地に自生し、濃い緑の葉が花軸の中ほどを車輪の輻(や)のようにぐるりと取り巻いて生えているところからその名があるユリ科の多年草。夏に茎の先端に開く朱橙色の花が夏山の登山者に愛されている高山植物。夏の季語。

神の声湧くごと森の車百合　加藤知世子

クレマチス　Clematis

初夏から夏にかけて〈鉄線(てっせん)〉に似た車輪形の薄紫・白・桃色などの大きな六弁ないし八弁の花をつけるキンポウゲ科の観賞用蔓生(まんせい)多年草。わが国に古来からある〈鉄線〉「風車草(かざぐるま)」などから改良された園芸品種。内に秘めた凛とした精神を感じさせるところから、花言葉は「精神の美しさ」「高潔」。夏の季語。

クレマチス港育ちは大輪に　落合松枝

黒いチューリップ　くろいチューリップ

大著『モンテ・クリスト伯』で知られるフランスの大作家アレクサンドル・デュマが一八五〇年に発表した小説。一七世紀オランダが後世「チューリップ・バブル」と呼ばれるようになる大園芸ブームに沸き立っていた時代、莫大な賞金を懸けられた「黒いチューリップ」の品種改良に没頭する青年コルネリウスと、その横取りをたくらむ隣人にして嫉妬深い宿敵のボクステル。前宰相ド・ウイット兄弟との親交ゆえにオランダ国内の政争に巻き込まれ、ようやく育てた黒いチューリップの球根を三つだけ隠し持ったまま囚われの身となったコルネリウス。断頭台から奇跡の生還を遂げた彼と、ハーグの監獄で出会った獄吏の美しい娘ローザとの純愛を主軸に、宿敵ボクステルの悪辣極まる企みに翻弄される男女の、数奇な運命を描く波乱万丈の歴史絵巻。果たして黒檀のように漆黒のチューリップは本当に開花するだろうか。

クローバー　clover

春から夏、花茎の先に白ないし紅紫色の花をつけるマメ科の多年草。〈白詰草〉〈赤詰草〉のこと。ヨーロッパ原産で明治時代に牧草として日本に入ったものが野生化し、各地の畑や路傍の空地に進出した。葉の中央に白い模様があり、「四つ葉のクローバー」は幸福のしるしとされる。花言葉は「幸運」だが、普通の三つ葉のものは父と子と精霊の三位一体の象徴とされ、花言葉は「約束」。春の季語。

クローバに坐すスカートの完き円　橋詰沙尋

クロッカス　Crocus

鉢や公園の花壇に植えられる園芸植物で春、短い花茎の先に紫・青・黄色など多彩な花を開くアヤメ科の球根植物。同種の秋咲きのものは〈サフラン〉と呼ばれ、染料・料理などに利用される。春咲きの「クロッカス」の花言葉は「青春の喜び」で、春の季語。

日が射してもうクロッカス咲く時分　高野素十

黒百合　くろゆり

北海道や本州中部以北の高山に生えるユリ科バイモ属の多年草。初夏、茎の先に漏斗形で暗紫色の異臭のある花をつける。「アイヌの恋の花」といわれ、想う人のそばにそっと置いて、相手が手に取れば二人はかならず結ばれると言い伝える。戦後の一時期を風靡した映画『君の名は』の主題歌に「**黒百合は恋の花　愛する人に捧げれば　二人はいつかは結びつく**」と。夏の季語。

黒百合を夕星ひかる野に見たり　阿部慧月

桑の花　くわのはな

桑は、春の山畑に淡い黄緑色の花穂をつけるクワ科クワ属の落葉木の総称。葉はもちろん蚕の飼料。花が終わると小さい実になり、紫黒色に熟し、口に入れると甘い。桑の葉を食べた蚕が美しい絹糸を吐き出すところから、花言葉は「不思議」。「桑の花」は春の季語。

桑咲くや尾根を下りくる薬うり　金尾梅の門

君子蘭　くんしらん

春、濃緑色の剣状の多数の立派な葉の間に太い花茎を立て、その先に橙緋色の花を一〇〜一五ほどつける、ラン科ではなくヒガンバナ科の多年草。南アフリカ原産で日本へは明治期に渡来し、高貴な姿から「君子」の名を冠したという。春の季語。

真白なる襖へ葉先君子蘭　伊藤葦天

瓊花　けいか

「瓊」は「珠」と同意で、芳香ある黄白色の花を咲かせる、「額紫陽花」に似た中国の花。唐・鑑真和上ゆかりの揚州市の大明寺から寄贈された「瓊花」の株が奈良の唐招提寺に植えられているという（「唐招提寺」HP）。一方、容色の美しい女性のことをいい、盛唐・李白の「**秦女休行**」に「**西門の秦氏の女、秀色瓊花の如し。手に白楊刀を揮い、清昼讎家を殺す**」と。花のようなたおやかな美女が、白昼刃を揮って家の仇敵を討ったというのである。

迎春花　げいしゅんか

中国で〈黄梅〉のことをいう。早春に鮮やかな黄の花を開くところからその名がある。春の季語。

川筋に黄色が飛びて迎春花　中西舗土

鶏頭　けいとう

晩夏から秋にかけて、深紅の小花が密生した鶏のとさかのような花をつけるヒユ科の一年草。肉厚の鶏冠をくどいと敬遠する人もいる。古くは「韓藍」といわれ、『万葉集』巻七に「**秋さらば移しもせむと我が蒔きし韓藍の花を誰か採みけむ**」、秋が来たら花で移し染めでもしようと思って種を播いた韓藍の花を、誰が摘んでしまったのか、と。

一方「鶏頭や雁の来る時尚あかし」との芭蕉句は、中国で雁が飛来するころに紅くなる「葉鶏頭」を「雁来紅」と称するのを踏まえた句だという。「鶏冠花」ともいい、花の形によって「扇鶏頭」「槍鶏頭」「ちゃぼ鶏頭」などという。熱帯アジア原産という特異な花姿から、花言葉は「おしゃれ」「個性」。秋の季語。

鶏頭の十四五本もありぬべし　正岡子規

仲わるき隣鶏頭火の如し　野村喜舟

けしの花

漢字で書けば、「罌粟の花」。「けし」は、五月ごろ茎の先に直径一〇センチほどの紅・白・紅紫色などの華麗な花をつけるケシ科の越年草。蕾のときは下向きで萼があるが、開花すると萼は落ちて花だけが上向きに開く。花後に生る実がいわゆる「けし坊主」で、未熟な実から取れる液を固めるとモルヒネなどの原料となるアヘンができる。そのためわが国では政府の許可がないと「けし」は栽培できない。従って普通に「けし」といっているのはアヘンを含まない〈ひなげし〉のことが多い。「芥子」とも書く。古来「けし」の実には催眠効果のあることが知られていたことから、花言葉は「眠り」「忘却」、赤花は「慰め」。「けしの花」「ひなげし」は夏の季語。⇩〈ひなげし〉

散り際は風もたのまずけしの花　其角

月下美人　げっかびじん

夏の夜、月下に思わず息を呑むような純白大輪の豪奢な花を開くサボテン科クジャクサボテン属の一品種。心を奪われるほど豊麗な白花は芳

月下美人（げっかびじん）

香を放ち、夜八時ごろから咲きはじめ朝までにはしぼむ。深夜月光の下で美しく開花するところから「月下美人」の名がついた。「女王花」ともいう。香り高い豪華な花を夜に咲かせるところから、花言葉は「危険な快楽」。夏の季語。

月下美人花待つ椅子を賜はりぬ　岩井愁子

毛花　けばな

鷹狩で鷹が狩った野鳥の毛が風に吹かれて花のように舞い散るさまをいう。室町時代前期の冷泉為尹（れいぜいためまさ）の『為尹千首』に「**狩場風**」と題して「**みかり野やはや一よりとみえてけり毛花をちらす雪の夕風**」、狩場に、早くも鷹が一撃したと見え、獲物の羽毛を散らしている雪まじりの夕風、と。一方、競馬用語では毛先に艶（つや）がなくブラシをかけてもボサッと立っている馬の毛のことをいい、馬が好調期を過ぎて疲労している兆候だという。

華鬘草　けまんそう

四月ごろ薄紅色の花が提灯を吊るし、連ねたように咲くケシ科の多年草。咲いている姿が仏堂の内陣などを荘厳する「華鬘」に似ているのでその名がある。また、ハートが割れたようにも見えるところから、花言葉は「失恋」。春の季語。

語り歩きにいや遠く来ぬ華鬘草　鳥羽とほる

献花　けんか

戦没者記念碑や事故死の現場などで、死者の霊を慰めるために生花（せいか）を捧げること。

県花　けんか

一九五四年に選定された各都道府県を代表する花。北海道：浜茄子（はまなす）、山形県：紅花（べにばな）、東京都：染井吉野、千葉県：菜の花、神奈川県：山百合、愛知県：杜若（かきつばた）、長野県：竜胆（りんどう）、福井県：水仙、大阪府：梅・桜草、京都府：枝垂桜（しだれざくら）、岡山県：桃の花、鹿児島県：深山霧島（みやまきりしま）、沖縄県：デイゴなど。

懸崖菊　けんがいぎく

菊を盆栽などにするとき、茎や葉が根よりも下へ崖のようになだれる形に仕立てたもの。孔雀の尾のように華麗な姿になる。内田百閒は随筆「菊の雨」で「懸崖の小花は霰を振り掛けた如くであり…」と描写している。秋の季語。

懸崖菊いかな高さに置くならん　山口誓子

牽牛花　けんぎゅうか

〈朝顔〉の異名で、七夕のころに咲くので牽牛・織女の伝説にちなんでその名がついた。また、薬草の朝顔を手に入れるために大事に育てた牛を牽いて行って贖ったとの故事から「牽牛子」ともいう。蘇東坡「雷州八首」の第一首に「**籬落、秋暑の中、碧花、牽牛を蔓す**」、老年になって罪を得て雷州に流された蘇東坡は、秋の残暑の中で籬に蔓を這わせた朝顔が碧い花を咲かせているのを見つめている。秋の季語。

床ずれに白粉ぬりぬ牽牛花　富田木歩（富田木歩の句については〈あやめ〉の項を参照）

げんげ

漢字で書けば「紫雲英」。「げんげ」は、春の田や野原一面に紅紫色の花が紅い絨毯を敷いたように咲き広がるマメ科の二年草。蝶形の花の集まりが蓮の花を連想させるところから〈蓮華草〉ともいう。根の根粒バクテリアに窒素があるので、以前は田に鋤きこんで緑肥にするため秋に、水を干した田んぼに種を播いた。が、今では農法が変わりそんな光景も見られなくなった。漢方では「げんげ」は乾燥させて生薬とされ、花言葉は「心が安らぐ」。春の季語。⇩〈蓮華草〉

紫雲英昏る少年球を失ひて　加畑吉男

原生花園　げんせいかえん

北海道のオホーツク海沿岸地方などに見られる、自然のままの草花が群生する天然の花園。初夏、〈浜茄子〉「蝦夷黄菅」「蝦夷すかし百合」などが咲き乱れてみごとな景観をなす。

恋忘れ草　こいわすれぐさ

「萱草」の別名で、〈百合〉に似た花姿がこの世の憂いを忘れさせるほど美しいところから「忘

れ草」の異名をとり、さらに「恋忘れ草」ともいわれるようになった。⇩〈萱草の花〉

紅雨　こうう
紅く咲き匂う花々に降り注ぐ春の雨。一方、赤い花びらが舞い散るさまを雨降りにたとえる場合にもいう。

香雲　こううん
満開に咲き匂う桜を、香りのよい雲にたとえた言葉。〈花霞（はながすみ）〉。

紅花　こうか
①赤い色の花。中国・盛唐杜甫（とほ）の「**風雨に舟前の落花を看て戯れに新句を為（つく）る**」に「**風は紅花を妬（ねた）み却（かえ）って倒吹（とうすい）す**」と。「紅花緑葉」などという。②薊（あざみ）に似たキク科の一年草ないし越年草の〈紅花（べにばな）〉のこと。山形県地方の「紅花摘唄（べにばなつみうた）」に「**千歳山から紅花（こうか）の種蒔（ま）いた　それで山形花だらけ／晴れて見事や紅花（こうか）の畑　闇も明るい花盛り／世にも賑わし紅花（べにばな）摘みよ　此処（ここ）も彼処（かしこ）も唄の声**」と。

黄花　こうか
黄色い花をつける草。〈菜の花〉もそうだが、とくに〈菊〉をいう。

高山植物　こうざんしょくぶつ
山の森林限界以上の高所に生育する草花。積雪・烈風などの厳しい自然環境に適応するため、小形化したり地を這うなどしている。〈駒草〉〈岩桔梗（いわぎきょう）〉〈ちんぐるま〉〈白山一花（はくさんいちげ）〉など個性的で美しい花が多く、登山者を楽しませる。

紅梅　こうばい
紅色の花が咲く梅。『枕草子』三十七に「**木の花は　こきもうすきも紅梅。桜は、花びらおほきに、葉の色こきが、枝ほそくて咲きたる**」、木に咲く花では、色が濃くても薄くても紅梅がいちばんだ。桜は、花が大ぶりで葉の色は濃く、枝が細く見えるほど花がついているのが好もしい、と。春の季語。

紅梅や枝枝は空奪ひあひ　鷹羽狩行

香花 こうばな

仏壇や墓前に捧げて死者を弔う線香と生花（せいか）。香華。

好文木 こうぶんぼく

文を好む木、すなわち梅の別名。鎌倉時代に成立した説話集『十訓抄』の「**帝、文を好み給ひければ開き、学問怠り給へば散りしをれける梅は有りける。好文木とぞいひける**」に基づく。中国・晋の『起居注』の「**晋の武帝**（あるいは哀帝）、**文を好めば則ち梅開き、学を廃すれば則ち梅開かず**」を踏まえた記述といわれるが、実際には晋の『起居注』は散逸してしまって実在しない。また『起居注』に「好文木」のことが書かれていたと伝える文献も存在しない。さらに晋の武帝も哀帝も学問とはおよそ縁遠い皇帝だったから、研究者は「好文木」とは、菅原道真と「飛梅伝説」を愛した日本人による和製語の可能性が高いと論じている。

合弁花 ごうべんか

〈朝顔〉〈蛍袋（ほたるぶくろ）〉のように花弁がくっついている花。〈桔梗（ききょう）〉のように先端は切れているものもある。⇩〈離弁花〉

鶯宿梅（おうしゅくばい）

平安中期、村上天皇のとき、御所の庭の梅が枯れたので名木の聞こえのある紀内侍（きのないし）の家の紅梅を所望して移植させた。天皇が見ると梅に「**勅なればいともかしこし鶯（うぐいす）の宿はと問はばいかが答へむ**」、勅命ですので畏れ多く承りましたが、ただ春になって鶯が来て、私の宿はどこですかと聞かれたときには何と答えればよいのでしょうか、という歌がつけられていた。これを読んだ天皇は自分の気づかいが足りなかったことを反省し、梅を内侍に返したという。そのような由緒をもつ梅。

（『大鏡』『拾遺集』『十訓抄』などに見える故事）

か行

河骨　こうほね

沼や庭園の池によく植えられていて夏、水面から出た花茎（かけい）の先に四、五センチの黄色い五弁花を一つ開くスイレン科の多年生水草。水底の泥の中を這う白くて硬い地下茎が骨を思わせるところからその名がついた。夏の季語。

河骨の黄に咲き何の告白や　石井康久

小菊　こぎく

花の小さい菊。懸崖（けんがい）作りなどに仕立てられた菊花は小ぶりだ。秋の季語。

道ばたに伏して小菊の情あり　富安風生

小米桜　こごめざくら

春先、風にしなう枝に白い小花を雪が積もったようにつける〈雪柳〉の異称。「小米花」ともいう。春の季語。⇩〈雪柳〉

小米花濡らしてゆくや狐雨　川瀬一貫（「狐雨」はいわゆる「狐の嫁入り」すなわち「日照り雨」のことであろう）

心の花　こころのはな

①変わりやすくて頼りにできない人間の弱い心を、移ろいやすい花にたとえた言葉。『古今集』巻十五に「**色みえでうつろふものは世の中の人の心の花にぞありける**」、世の中で目には見えずともいつの間にか変わってしまうものは人の心という花だ、と。②風雅を解する人のやさしい心根を美しい花にたとえた。江戸時代初期の仮名草子『竹斎』に「**たとへ姿は荒磯（ありそ）の夷（えびす）に似たる人なりとも、心の花の情をばかけさせ給へ**」、たとえ外見は荒くれた田舎侍のような人でも、情深い心で接してください、と。

コサージュ　corsage

女性がドレスや衣服の襟元や胸などにつける生（せい）花（か）や花飾り。

小桜　こざくら

色が淡く花が小さい〈山桜〉の一種。また〈彼岸桜〉の別名。

ご赦免花　ごしゃめんばな

〈蘇鉄(そてつ)の花〉の異名。かつて島流しの流刑地とされた八丈島には二株の大蘇鉄があったという。この蘇鉄に花が咲く時期になると赦免船がやってくるとの言い伝えがあり、「ご赦免花」と呼ばれた。

梢の雲　こずえのくも

梢いっぱいに咲いている花を雲に見立てた語。『続後拾遺集』巻二に「**見るままに梢の雲はかつはれて散りかひくもる山桜かな**」、見ているうちに梢をおおっていた花の雲はどんどん消え、かわって散り乱れる落花(らっか)の雲につつまれてゆく〈山桜〉だなぁ、と。桜の枝の花を「梢の雪」ということもある。

コスモス　cosmos

八、九月ごろ枝分かれした花茎(かけい)の先に白・ピンク・深紅などの頭花(とうか)をつけるキク科の一年草。高さ一・五メートル以上にもなり、秋風に大きく揺れるが、音はあまり立てない。その姿は清楚で、群がり咲いてもうるさく感じない。八重咲きもある。〈秋桜(あきざくら)〉ともいう。清楚な花姿から、花言葉は「乙女の真心」、またギリシア語の原義から「調和」。秋の季語。

コスモスのゆれかはしゐて相うたず　鈴鹿野風呂

胡蝶蘭　こちょうらん

春から夏にかけ、蝶形の白または淡い紅紫色の花を一〇個以上も並んで咲かせるラン科コチョウラン属の多年草。南方原産の野生種は山地の崖や樹上などに着生する。観賞用に栽培され、白蝶に似た花が整列して咲く鉢植えは祝い品の定番。清楚な花姿から、花言葉は「純粋な愛」、また蝶が舞うイメージから「幸福がやって来る」。夏の季語。

導かれ来し一卓の胡蝶蘭　後藤夜半

国花　こっか

国民に最も好まれ、その国の象徴とされる花。日本では「桜」または「菊」。中国では「牡丹」、韓国では「木槿」といわれる。爛漫と咲き誇る桜が満山を埋め谷に咲き満ち、雲と見まがい雪と見まがう光景は、日本の美の極みである。牡丹は中国美人を見るような濃艶な美しさだが、清楚な美を好む日本人の趣味とは、やや異なる。

小手毬の花　こでまりのはな

小手毬は生垣や公園に植えられ四、五月ごろ、やや枝垂れた枝先に〈雪柳〉に似た白い多数の小花を毬状につけるバラ科の落葉低木。花言葉は「努力」。春の季語。

こでまりや盃軽くして昼の酒　波多野爽波

異花　ことはな

話題にしている花ではない「ほかの花」の意。『源氏物語』手習に「**閨のつま近き紅梅の、色も香も、変らぬを、『春や昔の』と、異花よりも、これに心寄せのあるは、飽かざりし、にほひのしみにけるにや**」、部屋の軒近くに咲いた紅梅にほかの花と違い浮舟が格別心を惹かれるのは、あの「**月やあらぬ春や昔の春ならぬわが身一つはもとの身にして**」の歌とは反対に、自分の身はこんなに変わってしまったのに色も香も変わらぬ紅梅のように、匂宮の袖の匂いが変わることなく浮舟の心に沁みついているからであろうか、と。

この花

①木の花。草でなく木に咲く花。その代表は桜ないし梅ということになる。『日本書紀』神代紀下に「**其の生むらむ児は、必ず木の花の如ひに移り落ちなむ**」、生まれる子は必ず木に咲く花のように散り落ちてしまうでしょう、と。皇孫瓊瓊杵尊が醜い姉の磐長姫を嫌って美しい妹の木花開耶姫を娶ったので、屈辱を感じた姉が吐いた呪いの言葉。②此の花。『古今集』序の「**難波津に咲くやこの花冬ごもり今は春べと咲くやこの花**」の「此の花」は梅とされている。

木花開耶姫　このはなのさくやびめ

記紀の神代紀に記されている大山祇神の娘で、

その美しさを高天原から高千穂の嶺に降り立った瓊瓊杵尊に愛されて妃となり、火酢芹命、火明命、彦火火出見尊を生んだ。明治時代の国文学者芳賀矢一は、「木花開耶姫」とはいわば桜の化身であり、西洋の春の女神ヴィーナスに相当すると言っている（『月雪花』）。自然の美しさを神格化した神で、日本列島に花の春をもたらす女神であり、昔話の「花咲爺」にも通じる枯れ木に花を咲かせる「花神」である。後に富士山の神とされて浅間神社に祀られる。「木花之佐久夜毘売」とも書く。

小判草 こばんそう

草むらや荒れ地に生え五〜七月ごろ、茎の先から小さい楕円形の花穂を垂らすイネ科の一年草。明治初年に牧草にまじって渡来した帰化植物で、熟すと黄金色になるところからその名がついた。夏の季語。

小判草磧へ径の消えてなし　上村占魚

辛夷 こぶし

辛夷は、早春、高い梢に白花を多くつけて春の到来を告げるモクレン科の落葉高木。各地の山野に自生し、観賞用として庭木・公園樹にも広く栽植される。蕾が子どもの握り拳を思わせるところからその名がある。開花を農事の目安としたことから「田打桜」ともいった。春の季語。

君が門こぶし花さくうす月夜　中勘助

零れ桜 こぼれざくら

散りこぼれる桜の花びら。また、着物や工芸品などで、桜の花びらを散らした模様。

駒草 こまくさ

高山の草が生えそうもない砂礫地に生え七、八月ごろ、人参に似た葉の間から伸ばした花茎の先に優雅な紅紫色の花を数個下向きに咲かせるケシ科の多年草。花の形がどことなく馬の顔を思わせるところからその名がついた。分布が北海道から本州中部の高山だけに限られ、富士山にも見られず、日本の高山植物の女王とされる。夏の季語。

駒草や朝しばらくは尾根はれて　望月たかし

五葉つつじ　ごようつつじ

春に白地に緑の斑点のある漏斗(じょうご)形の美花を開く「白八入(しろやしお)つつじ」の別名。「白八入(しろやしお)」ともいう。本州・四国の山地に自生し、枝に楕円形の葉が五枚輪状に生えるところからその名がある。⇩〈八潮つつじ〉

さ行

綵花 さいか

「綵」は色どり模様のある「綾絹（あやぎぬ）」の意で、美しい造花のこと。

西行桜 さいぎょうざくら

世阿弥作の能の曲名。何より桜を愛する西行だが、西山の庵へ庭の桜を見に次から次へとやって来る花見客には閉口し、「**花見んと群れつつ人の来るのみぞあたら桜の咎（とが）にはありける**」と恨み言を歌にこめる。するとその夜、庭の桜の老木の精が現れ、西行の恨み言をたしなめつつも互いに知己を得たことを喜び、京の名所の春景色を語り舞う。七曲照明に「**花見てはかこち顔なる人もなし吉野の奥の西行桜**」、桜の花を前にしたら憂い顔をしている人などはいない吉野山の奥の西行桜、と（『月雪花』）。

早乙女花 さおとめばな

東北地方などで田植のころに咲く〈花菖蒲（はなしょうぶ）〉のことをいう。またアカネ科の蔓生（まんせい）多年草の〈へくそかずら〉を指すこともある。

咲き零れる さきこぼれる

花がいっぱい咲き乱れて、外まであふれる。「咲き溢れる」とも書く。『枕草子』二十三に「**桜のいみじうおもしろき枝の五尺ばかりなるを、いと多く挿したれば、勾欄（こうらん）の外（と）まで咲きこぼれたる昼つかた**」、勾欄のところに花瓶を置き、とても見事に咲いた五尺くらいの桜の枝をたくさん挿したので、花瓶の外まで花が咲きあふれている昼時、大納言がやってきた、と。

鷺草 さぎそう

日当たりのよい湿原などに生え七月ごろ、まさに造化の妙としかいいようのない天から舞い降りる白鷺そのものの姿をした花を咲かせるラン科の多年草。浅い植木鉢に水苔（みずごけ）を張って仕立てられ、観賞用に珍重される。白鷺城で知られる姫路市の市花。繊細な花姿から、花言葉は「神秘」「夢であなたを想う」。夏の季語。

さぎ草の鷺の嘴さへきざみ咲く　皆吉爽雨

咲き匂う　さきにおう

花が色美しく咲き香る。「匂う」は色美しく映えること。『古今集』巻二に「**今もかも咲きにほふらむたち花のこじまのさきの山吹の花**」、今もまさにあのときと同じように美しく咲き匂っているだろうか、橘の小島の岬に生えていたあの山吹は、と。

咲き優る　さきまさる

ほかより盛んに美しく咲く。『万葉集』巻十に「**朝顔は朝露負ひて咲くといへど夕影にこそ咲きまさりけれ**」、朝顔は朝露に濡れて美しく咲くというけれど、日が翳った夕方のほうがもっときれいだな、と。

桜　さくら

日本の〈国花〉といわれるバラ科サクラ属の落葉高・低木。春に白・桃色・紅色などの五弁ないし八重咲きの花が咲き競い、人びとは花見に繰り出す。山野に自生する〈山桜〉〈江戸彼岸桜〉〈大島桜〉〈深山桜〉などをもとに交配が進められ、およそ三〇〇品種が創り出されているともいう。最もポピュラーな〈染井吉野〉は〈大島桜〉と〈江戸彼岸桜〉の交雑種。〈八重桜〉の花びらは塩漬けにして桜湯にし、〈大島桜〉の葉は塩漬けにして桜餅を包む。また開花の時期を見て畑の種播きや水田の苗代作りを決めるなど農事暦にも用いられてきた。〈花王〉と讃えられ、ただ「花」といえば桜を指すほど日本の代表的な花木で、多くの詩歌や文芸作品に詠み継がれ語りつづけられてきた。『古今集』巻一の「**世の中にたえてさくらのなかりせば春の心はのどけからまし**」から里謡の「**咲いた桜になぜ駒つなぐ　駒がいさめば花が散る**」まで、数えあげればきりがない。円地文子は桜についてひと言簡潔に「雲のように咲き、雪のように散る」(「早春の花 ほか七篇」)と形容している。夢のような美しさゆえ「夢見草」ともいう。大事にしていた桜が伐(き)られたのを怒った父親に正直に名乗り出てほめられたというアメリカ独立の初代大統領ワシントンにちなんで、花言葉は「独立」、また美しい花姿から「優美な女人」。春の季語。

さまざまの事思ひ出す桜かな　芭蕉

桜雨 さくらあめ

桜の花を濡らして降る雨。桜の開花期には、〈花冷え〉という言葉があるように気温が下がり風が出て雨が降る。風に舞う〈桜吹雪〉も美しいが、雨に打たれる桜も風情がある。平安中期の勅撰和歌集『後撰集』に「**春雨の花の枝より流れこばなほこそぬれめ香もやうつると**」、春雨が桜の枝から流れ落ちてきたらもっと濡れよう、花の香も身にうつるだろう、と。

桜狩 さくらがり

山野に桜をたずねて観桜(かんおう)すること。平安時代中期の勅撰集『拾遺集』巻一に「**桜狩雨は降りきぬおなじくはぬるとも花のかげにかくれむ**」、桜をもとめて山路をたどっていたら雨が降ってきた。おなじ濡れるなら花の下で雨宿りしよ

桜の森の満開の下

一九四七年に発表された坂口安吾の怪奇幻想的短編小説。桜の下で酒を飲んで喧嘩をしてゲロを吐いたりするのは江戸時代以降のことで、大昔は桜の花の下は怖ろしいところだったと、作者は語り始める。そのころの鈴鹿峠には桜の森の下を通らざるを得ない道があって、そこを通る旅人はみな気が変になった。この山にはむごたらしいことを平気でやる一人の山賊が住んでいて、通りかかる旅人を殺しては持ち物を奪い、女をさらって女房にしていた。山賊は今日も旅の途中の夫婦者を襲い、亭主を殺した。女房はこれまで見たことも

う、と。「花巡り」ともいう。春の季語。

なほ極む上の醍醐やさくら狩　山本梅史

桜切る馬鹿　梅切らぬ馬鹿　さくらきるばか　うめきらぬばか

⇩巻末「花のことわざ・慣用句」

桜しべ降る　さくらしべふる

桜の花が散ったあと、萼（がく）に残っていた「しべ」が雨のように降りしきること。「しべ」は漢字で書くと「蕊」。多くの「桜しべ」が薄赤く地面に散り敷いた光景は「落花のおもむきとはまた違って、しずかな晩春の気分がある」と俳人の沢木欣一は評している（『日本大歳時記』）。春の季語。

桜蕊ふるいたはりの声のごと　岡田貞峰

桜前線　さくらぜんせん

桜の〈染井吉野〉が開花する時点を結んだ線。三月末の九州からスタートして北上し、五月には北海道に至る。また山岳地では同じ前線上でも一〇〇メートル高度が増すごとに開花が数日

ないような美しい女だった。山賊が俺の女房になるかと聞くと女はこっくりとうなずいた。家に連れ帰り暮らし始めると、女はとんでもないわがまま者で、前からいた七人の女房を殺せと言う。男は女に逆らえず六人の女房を次々に殺した。最後の顔の醜い一人だけは女中に使うから生かしておけと女が言った。

山暮らしに退屈すると女は、都に連れて行ってくれと男にせがんだ。男と女と女中の都での暮らしが始まった。男は毎晩外に出かけては金持ちを殺して財物を奪った。女が人の生首を欲しがるので首を持ち帰った。女は毎日嬉々として首遊びにふけった。首同士の歯をカチカチと嚙み合わせたり、くさった肉がペチャペチャくっつき合ったりするのを見ては面白がって、けたたましい笑い声をたてた。

やがて男は都での暮らしに飽き、女のきりのな

あとになるという。

桜草 さくらそう

春の堤や庭園に生え四月ごろ、伸びた花茎（かけい）の先端に桜に似た薄紅色の花を咲かせるサクラソウ科の多年草。鉢植えでも栽培され、六〇〇以上の園芸品種があるという。埼玉県の県花で、荒川流域のさいたま市・田島ヶ原自生地は国の特別天然記念物に指定されている。洋名は「プリムラ」。花期が長くつづくところから、花言葉は「永つづきする愛情」。また実が生（な）らずに夏前に散ってしまうので、「青春の悲しみ」。春の季語。

葡萄酒の色にさきけりさくら草　永井荷風

桜月 さくらづき

桜の花が満開になる旧暦三月をいう。

桜月夜 さくらづくよ

桜がたわわに咲いた梢を月が白く照らしている情景。与謝野晶子に「**清水へ祇園をよぎる桜月夜こよひ遭ふ人みな美しき**」。

い欲望にも飽きた。「山へ帰る」と男が言うと、私も一緒に帰ると女が言った。鈴鹿峠まで来たとき女が負ぶってくれと言った。女を背負って桜の森の満開の下を通ると、男はふと背中の女の手が冷たくなっているのに気づく。そのとき男は背中の女が鬼であることがわかった。背中にしがみついている全身紫色の、口が耳まで裂けた大きな顔の鬼の手が男ののどに喰いこんできた。その手を振り払い背から鬼を振り落として逆に首を絞めあげると、女はすでに息絶えていた。横たわった女の顔の上に桜の花びらが散り積もった。花を払おうとすると、すべてが幻のようにかき消えた。

鈴鹿峠を根城とする山賊と美しくも残酷な女とが満開の桜の下で繰りひろげる奇怪な交情を通し、「人間存在そのものの本質につきまとふ悲哀」（福田恆存）を追求した、傑作の声望高い幻想的・説話的短編小説。

桜時　さくらどき

桜の花の咲く時節。〈花の頃〉とも。春の季語。

硝子器を清潔にしてさくら時　細見綾子

桜に鶯 木が違う　さくらにうぐいす　きがちがう

⇩巻末「花のことわざ・慣用句」

桜の園　さくらのその

ロシアの劇作家チェーホフの代表作であり、最後の作品となった戯曲。時代の変化から取り残された没落貴族のラネーフスカヤ夫人が、借財のカタに先祖代々の領地「桜の園」を手放さざるを得なくなる。「桜の園」は夫人にとって、夫の死、自らの恋と子どもの死、そして恋人に捨てられた思い出がしみついているかけがえのない庭園。その場所で娘や親しい人々と過ごす最後の数日間をとおして、一九世紀末のロシア社会における旧世代と新勢力の交替、古いロシアの没落と新しいものの台頭を叙情性豊かに描きだす。最後の日、パリに発つ汽車の時刻が迫

名護（なご）のサクラ　倉嶋 厚

一月末に沖縄本島の北部の名護城址公園に行った。ここはヒカンザクラ（緋寒桜）の名所で、日本一早く花見が始まる所といわれている。私が行った時は、名護城址の上り口ではまだ一分咲きだったが、高さ百メートルほどの山頂付近では六分咲きになっており、少し北の八重岳の高さ二百メートルのウグイスの鳴く中腹では満開、四百メートルの頂上付近では花はすでに散って葉桜になっていた。

本土では春の花は低い所で早く高い所ほど遅く咲くのに、名護のサクラは逆だった。

春の花は暖かいほど早く咲くが、その前に寒さを経験しないと咲かない。そして暖かい沖縄では「寒さの経験」の方が重要になる。そこで寒さを早く経験する山の上のサクラから順に咲き始める

り、遠くから桜の木を伐り倒す音が聞こえてくる。「ああ、わたしのいとしい、なつかしい、美しい庭！……わたしの生活、わたしの青春、わたしの幸福、さようなら！……さようなら！……」の独白を最後に人々が立ち去り、馬車の出て行く音がすると、がらんとした部屋の中に、桜の木に打ちこまれる斧の音だけがさびしく、物悲しくひびきわたる。一九〇四年モスクワ芸術座初演。

桜の幹　さくらのみき

鎌倉幕府を倒し天皇親政を目指した後醍醐天皇は、再三倒幕の旗を掲げたが敗れ、囚われの身として隠岐の島に流されることになった。美作（今の岡山県北部）まで護送されてきたとき、宿泊した仮宮で朝起きて戸を開けると、庭に生えていた桜の幹を削って「**天勾践を冗らにすること莫かれ　時に范蠡無きにしも非ず**」と記された墨跡が目に入った。一読、天皇は、中国春秋時代に越の忠臣范蠡が越王勾践の恥を雪いだ故

のだ。同じ理由で沖縄のサクラ前線は、本土とは逆に北から南へ下がって行く傾向がある。

人生もまた、恵まれた環境で育つ者ほど、「寒さの経験」が必要なのではないかと思う。（『お天気歳時記』〈チクマ秀版社〉より再録）

事を踏まえた言葉で、逆境にある自分を励ます文字であることがわかると、会心の笑みを浮かべた。夜の間に尊王の志厚い備前国の武将児島高徳が桜の幹を削って書いたのであった（『太平記』第四巻）。

桜は花に顕わる　さくらははなにあらわる

⇩巻末「花のことわざ・慣用句」

桜吹雪　さくらふぶき

桜の花びらが風に吹き散らされるさまを吹雪にたとえた語。⇩〈花吹雪〉

桜餅　さくらもち

江戸・向島の長命寺から始まった関東風桜餅

は、餡を米粉またはうどん粉を練り薄く延ばして焼いた皮で包み、塩漬けの桜の葉で巻いた和菓子。いっぽう関西風桜餅の道明寺は、粗びきした餅米を蒸籠で蒸した皮で餡を包み、桜の葉で巻く。春の季語。

とりわくるときの香もこそ桜餅　久保田万太郎

桜湯　さくらゆ

婚礼などの慶事の席で出す、塩漬けの八重桜に湯を注いだ飲み物で、茶碗の中で桜の花が美しく開く。「茶を濁す」の意からお茶を避けて白湯を用いる。「桜漬」も同意。春の季語。

桜漬白湯にひらきてゆくしじま　黒田杏子

石榴の花　ざくろのはな

石榴は、梅雨のころ鮮やかな緋色の花を咲かせるミソハギ科の落葉小高木。秋に大きな実をつけ食用にするものをとくに「実石榴」といっている。優雅な花姿から、花言葉は「優美」「エレガンス」。「石榴の花」「花石榴」は夏の季語。

日の暈に滅びの家の花ざくろ　高瀬哲夫

酒なくて何の己が桜かな　さけなくてなんのおのれがさくらかな

⇩巻末「花のことわざ・慣用句」

左近の桜　さこんのさくら

平安朝内裏の紫宸殿を背にして正面階段の左側（東側）に植えられていた山桜。儀式のときなど左近衛の官人がその側に侍したことからの名。反対の西側には「橘」が植えられ「右近の橘」と並称された。「南殿の桜」ともいう。

笹百合　ささゆり

初夏、白ないし薄桃色の大形の花をつけるユリ科の多年草。雄しべの先の葯は褐色で、百合の花の内側によくみられる斑点はなく、清らかで美しい。葉が笹に似ているところからその名があり、「さゆり」ともいう。夏の季語。

三輪山の供華の笹百合匂ひけり　山下佳子

山茶花　さざんか

住宅地の生垣や庭などによく植えられ晩秋から冬にかけ、椿に似た白・桃色・赤などの五弁の花を咲かせるツバキ科の常緑中高木。散るときに花弁が一片ずつ落ちるところが、花冠全体がポトリと落ちる椿と違う。「山茶花（さんさか）」が転じて「さざんか」になったといわれる。巽聖歌作詞の童謡「たきび」の二番に「さざんか　さざんか　さいたみち／たきびだ　たきびだ　おちばたき／「あたろうか」「あたろうよ」／しもやけ　おててが　もうかゆい」。厳しい寒気に負けず花を咲かせるところから、花言葉は「ひたむきさ」「謙虚」。冬の季語。

山茶花やかはたれどきの人の皃（かお）　林　翔

山茶花（さざんか）

挿花　さしばな

〈生け花〉のことで、花器に生花（せいか）を挿す生け方。また髪に花を挿すこと。

座禅草　ざぜんそう

本州以北の湿原などに生えるサトイモ科の多年草。四月ごろ花穂（かすい）が出て仏像の光背のような紫黒色で大形の「仏炎苞（ぶつえんほう）」という苞葉（ほうよう）に包まれる。その姿が仏僧が座禅をしている姿を連想させるところからその名がついた。「達磨草（だるまそう）」ともいう。春の季語。

座禅草根雪の水に洗われし　末廣陽恵

皐月　さつき

渓流の岸辺や岩の上に自生し五〜七月ごろ、漏斗（じょうご）形をした紅紫色の花をたくさんつけるツツジ科の常緑小低木。旧暦五月に開花するところからその名がある。「五月」とも書く。関東から沖縄まで広く分布するが、栃木県鹿沼市や三重県地方が産地として有名。古くから観賞用に栽培され、赤・白・絞りなど多彩な園芸品種がある。「皐月つつじ」ともいう。一般のつつじは花が葉に先立つのに対して、皐月は葉が出てから花を開くところから、花言葉は「貞淑」。夏の季語。

満開のさつき水面に照るごとし　杉田久女

里桜　さとざくら

〈山桜〉に対して平地の桜。人家に近いところに咲くので〈家桜〉ともいう。八重咲きの大きな花をつけるものが多い。伊豆七島に自生する〈大島桜〉を改良した品種で、〈八重桜〉などのもとにもなった。花期はやや遅目。春の季語。

さびたの花

さびたは「糊(のり)うつぎ」の北海道での呼び名で夏、枝の先に白い花を円錐形につけるアジサイ科の落葉低木。明るい山野に生え、多数の小花の周りに少数の大きな装飾花がつき、花のつき方が「額紫陽花(がくあじさい)」に似ている。「花さびた」ともいう。夏の季語。

さびた咲き摩周岳けふ雲絶えつ　大島民郎

サフラン　safran（仏）

〈クロッカス〉の一種でクロッカスは春に咲くが、「サフラン」は秋に薄紫色の六弁の花をつけるアヤメ科の球根草。古くから西アジアやヨーロッパで雌しべの柱頭と子房をつなぐ「花柱(かちゅう)」を乾燥させ、香辛料や着色料として使用してきた。漢字で書くと「泊夫藍」。薬効として鎮静・麻酔作用があり、花言葉は「喜び」「愉快」。「サフランの花」「花サフラン」は秋の季語。

サフランや読書少女の行追(ぎょうお)ふ目　石田波郷

サボテンの花

漢字で書けば「仙人掌の花」。「サボテン」は、夏に赤・黄色・白などの鮮麗な花を咲かせるサボテン科の常緑多肉多年草の総称。アメリカ大陸の乾燥地などに多くの種類が分布するが、日本では一般に初めて渡来した「団扇(うちわ)サボテン」を指すことが多い。葉の変形した棘(とげ)のしぼり汁に「シャボン」（ポルトガル語で石鹼(せっけん)）と同じ効果があり、形状からの連想で「掌（て）」をプラスして、「シャボてん」の合成語が生まれたという。暑熱の地で燃えるような花をつけるところから、花言葉は「私は燃える」。夏の季語。

サボテンの指のさきざき花垂れぬ　篠原鳳作

ザボンの花

「ザボン」は五月ごろ、柑橘（かんきつ）類としてはとくに大きい白い花を咲かせるミカン科の常緑高木。漢字で書けば「朱欒の花」。冬に生（な）る実も子どもの頭くらい大きい。「文旦（ぶんたん）」も同種。「ザボンの花」は夏の季語。

べつとりと昏（く）るる内海ザボン咲く　山下淳

ザボンの花

さ百合（さゆり）

〈百合〉に接頭語の「さ」がついた形とされるが、〈笹百合〉の別名ともいう。『万葉集』巻二十に「**筑波嶺（つくばね）のさ百合（ゆる）の花の夜床（ゆとこ）にもかなしけ妹（いも）そ昼もかなしけ**」、旅寝している夜の床で筑波山の百合の花のように恋しく思える妻が昼も恋しい、と。また同巻八に「**吾妹子（わぎもこ）が家の垣内（かきつ）のさ百合花ゆりと言へるは否（いな）と言ふに似る**」とあるのは、垣根に百合を植えている恋人に、古来「ゆり」は「後で」という意味だから「いや」と言っているのと同じではないかと、拗（す）ねている。

さるすべり

漢字で「百日紅」の字を当てて「さるすべり」と読ませる。八月から九月にかけて炎天下に紅い花が咲きつづけるミソハギ科の落葉中高木。

幹がつるつるして猿も滑り落ちそうに見えるところからその名がある。また真夏から初秋まで長い間途切れずに紅花が咲きつづけるところから〈百日紅（ひゃくじつこう）〉ともいう。白花もある。花言葉は「雄弁」。夏の季語。

ゆふばえにこぼる、花やさるすべり　日野草城

サルビア　salvia

夏から秋にかけて高原や庭園の花壇などを朱赤色の花穂（かすい）で彩るシソ科の一年草、また多年草。オランダから渡来し、観賞用に広く栽培されている。家庭的な賢い女性に世話されるとよく育つといわれ、花言葉は「家族愛」。夏の季語。

鼓笛隊サルビヤに火をつけてゆく　木村泰三

残花　ざんか

春が過ぎても散り残っている花。とくに春の終わりまで咲き残っている桜の花。「残桜（ざんおう）」〈名残の花〉などともいう。春の季語。似た言葉に〈余花（よか）〉があるが、こちらは初夏に花をつける遅咲きの桜をいい、夏の季語。

青鵐（あおじ）鳴き一樹の残花夜明けたり　塩谷はつ枝

残菊　ざんぎく

菊の花期は長く、秋長（た）けて霜の降りる初冬ごろまで咲き残っている菊をいう。旧暦九月九日の〈重陽の節句〉を過ぎて咲いている菊を「十日の菊」といって「六日の菖蒲（しょうぶ）」とともに時宜を失したことのたとえとするが、「残菊」〈晩菊〉は、晩秋の庭に哀れ深く咲いている点では似ていても、微妙な違いがある。秋の季語。⇩〈晩菊〉

残菊のあたたかければ石に坐す　細見綾子

山査子の花　さんざしのはな

山査子は、四、五月ごろ白梅に似た丸い五弁の白花をつけるバラ科の落葉低木。小枝に茨（いばら）のような棘（とげ）があり、秋に赤ないし黄色の実が生（な）る。「五月の花」ともいわれ、もっとも気持ちのよい季節に咲くので、花言葉は「希望」「幸福な家庭」。「山査子の花」「花山査子」は、春の季語。

花さんざし斧のこだまの消えてなし　神尾久美子

山茱萸の花　さんしゅゆのはな

山茱萸は、早春葉が出る前の枝に黄色い小花が球の形に集まって咲くミズキ科の落葉小高木。晩秋に赤く稔った楕円形の実は「秋珊瑚（さんご）」と呼ばれる。乾燥させた実を煎じて飲むと滋養強壮に効くといわれ、花言葉は「耐久」。「山茱萸の花」は春の季語。

雛の日の山茱萸雨にうちけぶり　大島民郎

三色菫　さんしょくすみれ

春から初夏にかけて紫・黄色・白の花を咲かせるスミレ科の一、二年草。ヨーロッパ原産の観賞植物〈パンジー〉の和名。「さんしきすみれ」ともいい、花言葉はパンジーと同じ「物思い」「思い出」。春の季語。

三色菫黄ばかりが咲き憔悴す　福永耕二

三文花　さんもんばな

「二束三文」の「三文」で、江戸時代に仏壇や墓に供える鐚銭（びたせん）三枚で買える安い切り花をいった。

椎の花　しいのはな

椎は、お寺や神社の境内などに聳（そび）えていて六月ごろ淡黄色の小花をびっしりつけるブナ科シイ属の常緑高木の総称。下を通ると強烈な匂いを漂わす。「椎の花」は、夏の季語。

椎にほふ未定稿抱き眠る夜も　能村登四郎

塩竈桜　しおがまざくら

〈八重桜〉の一種だが、八重どころか美しい薄（うす）紅（くれない）の花弁が四〇枚ほどもある。古来名高い宮城県塩竈市の塩竈神社の境内にある「塩竈桜」は国の天然記念物に指定されており、「葉まで(浜で)美しい」と讃えられている。平安時代後期、堀河天皇の御製に「**あけくれにさぞな愛でみむ塩竈の桜の本に海人（あま）のかくれや**」、みごとな花にいつもさぞ見惚れていたことだろう、塩竈桜の木の陰にひっそりと建つ漁夫の家では、と。

塩花　しおばな

①海の潮が白く飛び散るようすを花にたとえた。『源平盛衰記』巻四十二に「**百騎も二百騎も塩花蹴立てて押し寄せば、『あは大勢の寄すは』とて、平家は汀に儲け置きたる船に乗りて沖へ押し出ださば**」と。「潮花」とも書く。②清めのために撒く塩、ないし料理屋の入口などに置く盛り塩をいう。

紫苑　しおん

九月ごろ茎から分岐した花茎の先に、中心に黄色の筒状花をもつ薄紫の花をたくさん咲かせるキク科の多年草。背が高く秋風によく靡き、野菊に似た古風な風姿が懐かしさを漂わせる。〈忘れ草〉の反対で、心に念ずることを忘れさせない花だといわれ、花言葉は、「追憶」「遠くの人を想う」。秋の季語。⇩〈**忘れ草**〉

野分めく風や紫苑を右ひだり　久保より江

四花　しか

日本画や中国画で、早春の代表的な画題である

血染めの桜

信州高遠の城跡に咲く桜をこのように呼んでいる。そのことについて小林秀雄が、「一門親族の変心や内応によって全く孤立無援になった武田勝頼の最期は、まことに気の毒なものであった。ただ弟の仁科信盛一族だけが、高遠城に拠り、織田勢を迎えて死んだ。戦は北国の花が一時に開く頃ではなかったかと思う。その時から、城内の桜は赤く染められたと伝えられる」と書いている（「花見」）。つづけて小林は、話に聞いてすざまじい名の桜だと思っていたが、来て眺めれば、花は、まことに優しい、なまめかしい色合いであった。「人々は、戦の残酷を忘れたい希いを、毎年の花に託し、桜の世話をして来たであろう。桜は、黙って希いを聞き入れて来たと思える」と記している。

〈梅〉〈寒菊〉〈水仙〉〈蠟梅(ろうばい)〉をいう。

時花　じか

その時節に咲いている花。

自家受粉　じかじゅふん

⇩〈受粉〉

四季咲き　しきざき

四季を通して花が咲いている品種のことだが、一般には春に咲き出し秋まで断続的に花をつける〈薔薇(ばら)〉などをいう。

四季桜　しきざくら

一〇月ごろ開花し翌年四月ごろまで冬も断続的に花をつける〈彼岸桜〉の園芸品種。花は小さく白または淡紅色で、八重と一重がある。「十月桜」ともいい、四月と一〇月と年に二回花をつける二度咲きの桜のことをいうこともある。

ジギタリス　Digitalis

初夏、紅紫色の大きな釣鐘形の斜め下向きの花を穂状につけるオオバコ科の多年草。花が穂の上の方に行くにつれて小ぶりになり釣鐘から鈴になる。ヨーロッパ原産で明治時代に渡来し、強心利尿薬用として栽培された。和名は「狐の手袋」。有毒ながら薬草として用いられるところから、花言葉は「健康に資する」。夏の季語。

ヂギタリスのぼりつめたる鈴小さく　豊田君仙子

樒の花　しきみのはな

樒は、実が有毒で動物よけになるところから、古来墓地に植えられたり枝を墓前に供えたりするマツブサ科の常緑低木。「悪しき実」が語源ともいわれるが、葉と樹皮から線香が作られ

樒（しきみ）の花

る。三、四月ごろ葉の付け根に黄白色の多数の細長い花弁の花が咲く。『万葉集』巻二十に「**奥山のしきみが花の名のごとやしくしく君に恋ひわたりなむ**」、山深くに生えている樒の花の名のとおりしきりにあなたのことを恋いつづけるのでしょうか、と。「樒の花」「花樒」は春の季語。

石山の石にさしたる花樒　松瀬青々

シクラメン　Cyclamen

冬から春にかけてハート形の葉の間から次々と花茎（かけい）を伸ばし、紅・白・桃色などの華麗な花を開くサクラソウ科の多年草。地中海沿岸の原産で、五裂し反り返ったような赤花の姿から〈篝火草（かがりびそう）〉の異名がある。正月用の花として定着し園芸品種が多い。身をよじらせているような花姿から、花言葉は「内気」「はにかみ」。春の季語。

シクラメン風吹き過ぎる街の角　飯田龍太

四君子　しくんし

古来、中国・日本で画題として描かれてきた「蘭・竹・梅・菊」を、その高潔な美しさから君子にたとえていう。

枝垂梅　しだれうめ

〈枝垂桜〉のように花枝が垂れる品種の梅。春の季語。

枝垂梅果して見頃門を入る　松本つや女

枝垂桜　しだれざくら

細い花枝が垂れ下がり〈染井吉野〉などにやや後れて薄紅色の単弁または重弁の花を咲かせるバラ科の落葉高木。〈江戸彼岸桜〉の一変種で、〈糸桜〉ともいう。春の季語。

能舞台閉して枝垂桜かな　小寺冬至

七変化　しちへんげ

〈紫陽花（あじさい）〉の別名。花の色を、白ないし淡黄色から青色を経て紫色ないし赤色に変え、さらに薄く濃く多彩に変貌するところからついた異名。同じように花の色が多彩な「ランタナ」にも「七変化」という異名がある。

七里香 しちりこう

〈沈丁花〉の別名。遠くからでも、よい香りがただよってくるのに気づくところからの名。同じく遠くまで芳香をただよわせる〈金木犀〉には〈九里香〉の異名がある。

死に花 しにばな

「死に花を咲かせる」といえば、死後の誉れとなるような目覚ましい最期を遂げること。

芝桜 しばざくら

地を這うように伸ばした茎に四、五月ごろ、桃色・白などの桜に似た小花をつけ、毛氈を敷きつめたように地面をおおうハナシノブ科の多年草。「炎」の語源をもつ学名から、花言葉は「燃える恋」。春の季語。

芝ざくら好天あますところなし　石原舟月

死人花 しびとばな

〈彼岸花〉の不吉な異名。〈幽霊花〉ともいう。

時分の花 じぶんのはな

⇩巻末「花のことわざ・慣用句」

絞り咲き しぼりざき

絞り染めの布のように、花びらに絞り模様が入っていること。

霜の花 しものはな

氷点下に冷え込んだ地表に大気中の水蒸気が触れて凍りついたのが霜だが、白く結晶している霜を花にたとえた語。

じゃがいもの花

じゃがいもは、南米・アンデス高地原産のナス科の多年草。日本には一六世紀の慶長年間にオランダ人がジャワ島のジャガタラ（現在のジャカルタ）を経て伝えたので「ジャガタラいも」と呼んだ。「馬鈴薯」ともいう。五、六月ごろ、北海道の広大なじゃがいも畑の緑の中で、白または薄紫の清楚な花が風に揺れている風景は美しい。飢饉を救う食品として、花言葉は「情け深い」「恩恵」。「じゃがいもの花」は夏の

季語。⇩〈馬鈴薯の花〉

じゃがたらの花の盛りの蝦夷の旅　富永麻子

著莪の花　しゃがのはな

著莪は、五月ごろあやめに似た白い花を咲かせるアヤメ科の常緑多年草。葉は剣状で、黄色の模様と紫斑を散らした花は優美だ。「射干」とも書き「胡蝶花（こちょうか）」ともいう。夏の季語。

著莪咲いてよきさびしさの墓どころ　太田鴻村

石楠花　しゃくなげ

山林や渓谷などに生え初夏、淡紅色・白・黄色などの浅い漏斗（じょうご）状の美花を咲かせるツツジ科の常緑低木。①花が淡黄色で北海道・中部地方に多い「黄花（きばな）石楠花」、②花が白ないし淡紅色で北海道・本州・四国などに多い「白山（はくさん）石楠花」、③花が淡紅色で四国・九州の山地に多い「筑紫（つくし）石楠花」、④花が紅紫色で愛知県・静岡県に多い「細葉（ほそば）石楠花」の四種が日本原産の代表種。奈良県の室生寺（むろうじ）は「石楠花」の名所として知られる。人跡遠い地に咲くところから「高嶺の花」の語源になったといわれ、花言葉は「荘厳」「威厳」。夏の季語。

石楠花の優艶つくす晩鐘後　水谷晴光（前書に「室生寺」とある）

芍薬　しゃくやく

五、六月ごろ〈牡丹〉に似た白・赤・淡紅色の大きな美花を開くボタン科の多年草。豪華絢爛（けんらん）の牡丹に比べて、清麗な美しさがみなぎる。美人の形容に「立てば芍薬、坐れば牡丹、歩く姿は百合の花」。牡丹は木だが「芍薬」は草であるところが根本的な違いで、幸田露伴は「牡丹の花は重げに、芍薬の花は軽げなり。…牡丹は徳あり、芍薬は才あり」と描写している（「花のいろ〳〵」）。〈花王〉の異名を持つ牡丹に対して芍薬は〈花の宰相〉と呼ばれる。中国原産で室町時代に渡来した。『和漢三才図会』巻九十三に「**按ずるに、芍薬、花の容（かたち）婥約（しやくやく）**（姿がたおやかでやさしいようす）**たり。ゆゑに、和俗にもまた皃好草（かおよぐさ）（加保与久佐）と名づく**」と。顔を赤らめたような花の色と、夕暮れにはしぼむところから、花言葉は「恥じらい」「謙遜」。夏の季語。

壺寂びてしろき芍薬を咲かせたり　水原秋櫻子

沙羅の花　しゃらのはな

沙羅は、六、七月ごろ椿に似た五弁の白い花をつけるツバキ科の落葉高木。「夏椿」ともいうが、花は散りやすい。光沢のある赤褐色の木肌がインドの沙羅双樹と似ているので「沙羅」の名がついたが別種で、植物学的には「夏椿」が正しい。花言葉は「愛らしさ」。「沙羅の花」「夏椿」は夏の季語。

沙羅白く空の青さにたへず落ちぬ　島本紫幸子

自由花　じゆうか・じゆうばな

伝統的な表現形式を重んじる〈格花（かくか）〉に対して、個人の自由な感性で表現する創作的・現代的生け花。大正から昭和初期に流行した〈盛花（もりばな）〉や〈投入れ（なげいれ）〉などをいう。

秋海棠　しゅうかいどう

庭園などに植えられ、次々と枝分かれした花茎（かけい）の先に秋、〈海棠〉と同じ薄紅色の花を下向きにつけるシュウカイドウ科の多年草。中国原産で、江戸時代の俳諧歳時記『滑稽雑談（こっけいぞうだん）』に「**性、陰を喜び、日を見ればすなわち瘁（かし）ぐ**」とあるとおり湿ったところを好む、愁いを含みつつもあでやかな名花。西欧では「ベゴニア」と呼ばれる。秋の季語。

人去りぬ秋海棠にあめふる日　深江てる子

羞花閉月　しゅうかへいげつ

⇩巻末「花のことわざ・慣用句」

秋色桜　しゅうしきざくら

東京・上野公園内の清水堂のそばにある桜。宝井其角の門人で江戸中期の女流俳人秋色（しゅうしき）は一三歳のとき、父親に上野の花見に連れて行かれた。寛永寺の清水観音堂の脇に井戸があり、その傍らを酔客たちが次々おぼつかない足取りでよろけて通るのを見て「**井戸ばたの桜あぶなし**

酒の酔」と詠んだ。この句を知った当時の寛永寺の法親王が感心し、秋色に褒美をとらせたことにちなんで名づけられた桜だという。春の季語。

十二単　じゅうにひとえ

四、五月ごろの林野に薄紫色の花を穂状に咲かせるシソ科の多年草。花穂が幾重にも重なる姿を平安時代の女官の装束に見立てて名づけた。春の季語。

日を浴びて十二単衣の草の丈　岡本まち子

重弁花　じゅうべんか

花弁が幾重にも重なって咲く八重咲きの花のこと。花弁が一重のものは〈単弁花〉。

衆芳　しゅうほう

いろいろの美しく芳しい花々をいう。「群芳」ともいう。

秋明菊　しゅうめいぎく

森林の近くなどに生え、秋に咲く淡い紅紫色の花は菊に似ているが、キク科ではなくキンポウゲ科の多年草。白花もある。京都市左京区の貴船周辺に多く見られ、〈貴船菊〉ともいう。日陰の湿地を好むため、花言葉は「淡い思い」。秋の季語。

窯元の秋明菊の庭古りぬ　佐復文子

十薬の花　じゅうやくのはな

⇩〈どくだみ〉

数珠花　じゅずばな

〈彼岸花〉の異名の一つ。

受粉　じゅふん

被子植物類で雌しべの先の柱頭に雄しべの花粉がつくこと。一つの花の中で行われる「自花受粉」と同一の株の花の間で行われる「自家受粉」がある。また、他の株の花粉が運ばれてつく「他花（家）受粉」がある。その後「受精」し実になる。

棕櫚の花　しゅろのはな

棕櫚は、各地の庭園などに植えられ初夏、黄色の粟粒のような魚の卵のような小花の集まった穂が垂れ下がるヤシ科の常緑高木。「棕櫚の花」は、夏の季語。

棕櫚の花沖より来たる通り雨　皆川盤水

春花　しゅんか

春咲いている花。秋の月と並べて「春花秋月」といえば自然の美しさを称える言葉。

春蘭　しゅんらん

早春、山林の水はけのよい斜面に、目立たない淡い黄緑色の花を咲かせるラン科の常緑多年草。木洩れ日の下で気品のあるほのかな香気を漂わせる。『旧唐書』裴子余伝に、裴子余と李朝隠・程行諶の三者に優劣をつけるとすれば序列はと訊かれた陳崇業は、「**譬うるに春蘭秋菊の如く、倶に廃すべからざる也**」、春蘭と秋菊のようなものでどちらが劣るということはない、と答えたという。「春蘭」は花弁に紅紫色の斑点があり「ほくろ」の和名がある。花言葉は「飾らない心」。春の季語。

春蘭や雨をふくみてうすみどり　杉田久女

小花　しょうか

〈たんぽぽ〉のような一個の花のように見えるキク科の〈頭花〉は実際にはたくさんの小さな花の集まりである。その場合、個々の小花を「小花」という。

菖蒲　しょうぶ

日本各地の湿地に生えるショウブ科の多年草。剣状の葉はよい匂いがし、菖蒲＝尚武＝勝負の縁語から端午の節句に飾り、風呂に入れて「菖蒲湯」をたのしむ。初夏、花茎の周囲に淡黄色の棒状の花をつけるが、山本健吉は〈かきつばた〉〈あやめ〉〈花菖蒲〉と比べて「賞するに足りない」と言う（『基本季語五〇〇選』）。そのせいか、夏の季語でも句例は少ない。なお、かきつばた・あやめ・花菖蒲はアヤメ科で、「菖蒲」はショウブ科。風のままに葉が翻るところから、花言葉は「忍従」。

目のまへの暮れゆく雨の菖蒲かな　西山誠

菖蒲園　しょうぶえん

多くの〈花菖蒲〉を栽培している庭園。東京葛飾・堀切(ほりきり)の菖蒲園は江戸時代から花菖蒲の名所として知られ、花の盛りのころには大勢の人でにぎわう。夏の季語。

番傘に雨をはじきて菖蒲園　石原舟月

精霊花　しょうりょうばな

お盆の精霊棚に供える花。旧暦七月一一日ないし一三日に野山に出て、〈女郎花(おみなえし)〉〈山百合〉〈撫子(なでしこ)〉〈桔梗(ききょう)〉などを採ってきて供える。〈盆花(ぼんばな)〉。秋の季語。

諸葛菜　しょかつさい

春から初夏にかけて、土手の斜面や大樹の陰などに群がり生えるアブラナ科の一年草。大根の花に似た十字形の青紫色の花を咲かせる。〈花大根〉「紫花菜(むらさきはなな)」ともいう。春の季語。

山道の雨足太く諸葛菜　台迪子

白樺の花　しらかばのはな

白樺は、本州の中部以北の高原に生え四月ごろ、動物の尻尾(しっぽ)のような長い紐状の黄褐色の花序が垂れ下がるカバノキ科の落葉高木。おなじみの白く美しい樹皮は紙のように横に剝がれる。〈花樺(はなかんば)〉ともいい、春の季語。

耳聡き犬に白樺の花散るも　堀口星眠

白玉椿　しらたまつばき

純白の花弁と中心の金色の雄しべが格調高い白椿の美称。平安時代に民間の流行歌謡を雅楽に取り入れた『催馬楽(さいばら)』の「高砂(たかさご)」に「**高砂の尾上(おのえ)に立てる　白玉玉椿　玉柳**」、高砂（いまの兵庫県南部にある歌枕の地名）の峰の上に生えている美しい白玉椿のようなそなたがほしいのだ、と。「玉」が繰り返されているのは、歌の調子をととのえるため。

白根葵　しらねあおい

本州中部以北の山地の笹原や林の中に生え晩夏、花茎(かけい)の先に薄紫色の美しい花をつけるキンポウゲ科の多年草。菫(すみれ)色の花びらのように見えるのは〈萼(がく)〉。日光白根山に多く見られ、葵に似ているところからの名だが、葵とは関係はない。夏の季語。

白根葵なほ暮れかねて雪浄し　太田蓁樹

白藤　しらふじ

藤は紫色が普通だろうが、白い花が咲く藤。「しろふじ」とも。春の季語。

白藤や揺りやみしかばうすみどり　芝不器男

白百合　しらゆり

西洋では古くから白百合を〈マドンナリリー〉と呼び、聖母マリアの象徴とした。花言葉は「純潔」「処女性」。夏の季語。

紫蘭　しらん

山野にも自生するが観賞用に庭にも植えられ、五月ごろ赤紫色の花を咲かせるラン科の多年草。花言葉は「変わらぬ愛」。夏の季語。

紫蘭咲いていささかは岩もあはれなり　北原白秋

白桜　しろざくら

白い花を咲かせる〈深山桜（みやまざくら）〉の異称。

白詰草　しろつめくさ

春から夏にかけて花柄（かへい）の先に白い花をつけるマメ科の多年草。花は蝶形の小花が多数集まって球形に咲く。ヨーロッパ原産で明治時代に牧草として日本に入ったものが野生化し、全国の畑地や路傍で見られ、〈苜蓿（うまごやし）〉ともいう。荷物を梱包するときの詰め物にもされたという。田畑の緑肥としても利用され、花が赤紫の〈赤詰草〉とともに、〈クローバー〉と呼ばれる。春の季語。⇩〈苜蓿〉〈クローバー〉〈詰草〉

白詰草に囲まれ雨の貝塚碑　小島チヱ子

白八入　しろやしお

白い〈八潮（やしお）つつじ〉。⇩〈五葉つつじ〉

沈丁花　じんちょうげ

「沈丁花」は、公園や垣根などに植えられるジンチョウゲ科の常緑低木。春先に外側が赤紫で内側が白の四裂した筒形の小花（萼（がく））を球形に集めてつける。歩いていると目で花を見つける前にまず鼻が独特の強い香をかぎつける。遠くまで芳香がただようので〈七里香〉の異名がある。「沈香」の匂いと「丁子」の花をふまえての名といい、つまり「ちんちょうげ」ではなく「じんちょうげ」が正しい。花全部が白い品種もある。学名にギリシア神話で月桂樹に変身したダフネを含むところから、花言葉は「栄誉」、また常緑樹だから「不死」。春の季語。

天鵞絨のごとき夜が来る沈丁花　戸川稲村

シンビジウム　Cymbidium

鉢植えとして園芸店に並んでいる代表的な洋蘭で、伸びた花茎の上方に赤紫・黄色・白など大きな花が穂状に咲くラン科シュンラン属の総称。多くの交配種があり、花は四季にわたって咲いている。他の洋蘭に比して品のある落ち着いた色合いの花が多いので、花言葉は「高貴な美人」。

しあわせやシンビジュームの花芽出て　近藤良一

スイートピー　sweet pea

鉢や花壇に植えられ晩春、桃色・白・赤などの蝶形をした大きな花を咲かせるマメ科の蔓生一年草。地中海のシチリア島原産でイギリスなどで改良され、日本には幕末のころに渡来したという。旧制富山高校時代から「稀代の秀才」として鳴り響き東大医学部・陸軍軍医学校をともに最優等で卒業し若くして東大医学部教授となりながら四四歳にして不治の病に倒れた細川宏の遺稿詩集に「**君　スイートピーの花を見て何か気がつかないかい？／そう　その通り／実はこれはちょうちょうが花に変わったものなんだよ／ひらひらと飛んできた赤や白のちょうちょうが／スイートピーの蔓のまきひげに触れると／あっという間に魔法のショックを受けて／そのままスイートピーの花に変わってしまうのさ**」、と（「スイートピー」）。細川の遺稿『詩集病者・花』は、身を筆舌に尽くしがたい苦痛にさいなまれながらも最後まで科学的理性と周囲への配慮を失わず、病床から四季の花々をいつくしみ見つめた稀有の詩集である。詩にあるとおり、蝶がいま飛び立とうとしている花の形から、花言葉は「門出」「別離」。春の季語。

花揺れてスイートピーを束ね居る　中村汀女

すいかずらの花

漢字で書くと「忍冬の花」。「すいかずら」は山林の周縁部などに生え、五、六月ごろ葉の付け根に白い筒形の花がつき、上下に開き裂けるスイカズラ科の蔓生（まんせい）常緑低木。花には芳香があり、白から黄色に変化して白花と黄花が入り乱れるので〈金銀花〉の異名がある。冬になっても葉がしおれないところから「忍冬（にんどう）」ともいい、茎や葉は解熱・消炎の漢方薬とされた。蔓（つる）を伸ばしてほかの木に絡みつくところから、花言葉は「愛のしがらみ」。「すいかずらの花」は夏の季語。

すひかづら髪に一輪戻り海女　八木林之助

水仙　すいせん

すいかずらの花

まだ風が寒い早春、他の草花に先がけて清楚な白花を開くヒガンバナ科スイセン属の多年草。花の中心に盃状の黄色い副花冠をもつ。二月の酷寒の中に剣のような葉を伸ばし、一本の茎に二、三ないし四、五個の花をつける。〈雪中花〉の異名もある。観賞用に園芸品種が多く作り出され〈らっぱ水仙〉〈黄水仙〉などがある。野趣と気品が水仙の特色である。随筆家の岡部伊都子が、淡路島の有名な水仙郷の一つ「立川水仙郷」を訪ねたときの印象を書いている。総計三〇〇万球ともいわれる水仙が急傾斜の島の斜面をおおっていて「山いちめんが、水仙なのである。…いちめんの花盛りとはいっても、決してはなやかな色彩ではない。緑と白とだけが風になびく清楚で清浄な山肌である。その清浄が、まことに美しい。清らかなもののもつ静かな豊けさが胸にしみいる」と（「淡路白水仙」）。室町時代の禅僧一休宗純の詩偈（しげ）集『狂雲集』の盲目の侍女森女（しんじょ）を詠んだ詩句に「**美人の陰（ほと）水仙花の香あり**」と。球根には猛毒がある。学名「ナルキッソス」は、ギリシア神話で女神に池の水面に映る自分の姿に恋をさせられて水死した美少年ナルシスにちなむ。花言葉は「自（うぬ）惚（ぼ）れ」「エゴイズム」。冬の季語。

水仙の香やこぼれても雪の上　千代女

好いた水仙 好かれた柳
すいたすいせん　すかれたやなぎ

⇩巻末「花のことわざ・慣用句」

水中花
すいちゅうか

水のはいったガラス瓶の中に入れると、ほぐれて草花の形になる仕掛けの造花。夏の季語。

話題なき客に倦みをり水中花　黒木野雨

水媒花
すいばいか

雄しべの花粉を風が雌しべに運ぶ〈風媒花（ふうばいか）〉、虫や鳥が運ぶ〈虫媒花（ちゅうばいか）〉〈鳥媒花（ちょうばいか）〉に対して、藻（も）のように花粉が水中を拡散したり水面を流れたり水底に沈んだりして雌しべに到達する水生植物などの花をいう。⇩〈虫媒花〉〈鳥媒花〉〈風媒花〉

酔芙蓉
すいふよう

八重咲きの〈芙蓉〉で、朝開いたときは白色だが午後には淡紅色に色づき、夜になるとまるで酔いが回ったように紅色になるところからその名がついた。秋の季語。

酔芙蓉白雨たばしる中に酔ふ　水原秋櫻子

睡蓮
すいれん

七、八月ごろ池や沼の水面の浮葉（うきは）の間に〈蓮〉

に似た花を開くスイレン科スイレン属の水生多年草。花の色は紅色・黄・白・青色など。花が昼に咲き夜は眠るように閉じるのでその名がついた。午後二時ごろつまり未(ひつじ)の刻に開花するものは「未草(ひつじぐさ)」という。夕方咲いて朝閉じるものもある。清らかな花姿から、花言葉は「純心」「清浄」。夏の季語。

睡蓮に午後の木洩日集りぬ　片岡三和志

末摘花　すえつむはな

橙色(だいだいいろ)の花が「紅(べに)」のもとになる〈紅花(べにばな)〉のことで、先端に咲いた花から順に摘み取るところからそう呼ばれる。『万葉集』巻十に「**よそのみに見つつ恋ひなむ紅(くれない)の末摘む花の色に出(い)でずとも**」、よそ目にかたわらからだけ恋するようにしよう、末摘花が紅の色を表に出さないのと同じように、と。また『源氏物語』に、鼻が赤く大きく容貌は醜いが心根の純な女性と光源氏との交情を描いた「末摘花」の巻がある。夏の季語。

蘇芳の花　すおうのはな

蘇芳は、インド・マレー原産で黄色の小花を穂状に咲かせるマメ科の小灌木。古来、木の芯に近い部分を削って煮て、赤色の染料をとった。「蘇枋」とも書く。〈花蘇枋(はなずおう)〉は別種。

姿の花　すがたのはな

あでやかな美人を花にたとえた言葉。西鶴の『世間胸算用(せけんむねさんよう)』に「**五色の京染、屋しき模やうのちらしがた、四季いちどにながめ、すがたのはなの色香ぞかし**」、江戸の呉服屋の店先には、色とりどりの京友禅や屋敷模様を散らした反物などが並び、四季を一度にながめて、美女たちの色香が匂いたつようだ、と。

鈴懸の花　すずかけのはな

鈴懸は、街路樹としてよく植えられ、通称〈プラタナス〉と呼ばれるスズカケノキ科の落葉高木。春、葉の付け根に薄い黄緑色の花をつけ、秋に球状の実となって垂れる形が鈴を懸けたように見えるのでその名がついた。「篠懸(すずかけ)」とも

書く。「鈴懸の花」は、春の季語。⇩〈プラタナス〉

篠懸の花咲く下に珈琲店かな　芥川龍之介

すすき

漢字で書くと「薄」または「芒」。開けた野原や土手などに群がり生えるイネ科の多年草。多数の茎から線状の細長い葉が生え秋、長さ二〇センチほどの黄褐色の花穂を伸ばす。獣の尻尾のような形をしているので〈尾花〉ともいう。『万葉集』巻十四に「**かの児ろと寝ずやなりなむはだすすき宇良野の山に月片寄るも**」、今夜はあの娘と寝ることはできないのかな。穂すすきの裏の宇良野の山の端にもう月が傾いてしまった、と。繁殖力と生命力の強さから、花言葉は「活力」「精力」。秋の季語。

をりとりてはらりとおもきすすきかな　飯田蛇笏

芒の穂ばかりに夕日のこりけり　久保田万太郎

鈴蘭　すずらん

本州中部以北の高原や北海道などに生え、晩春から初夏にかけて芳香のある白い鈴のような小花を下垂して咲かせるユリ科の多年草。観賞用に栽培されるものはヨーロッパ原産の「ドイツ鈴蘭」で花が大きい。五歳の幼稚園児髙橋宏明くんの詩「すずらん」――「**これさ　おおきくなって／リンリンって／なればいいね**」（『こどもの詩　1990〜1994』より）。陶芸家の河井寛次郎は「土着野生の鈴蘭は移植すると枯れてしまうそうだ。郷土を棄るのに死をもって抗議しているのだ」と書いている。どんな土地にも順応できる花は素直かもしれないが、無節操であると言われても仕方がない、と（『雑草雑語』）。鈴蘭は別名〈君影草〉ともいい、もとは「君懸草」だったが抒情的な「影」の字に変わったのだという。西欧では聖母マリアの象徴とされ、花言葉は「純潔と謙譲」「慎み深さ」。夏の季語。

鈴蘭の谷や日を漉く雲一重　中村草田男

ストック stock

房総半島などで園芸種として栽培され、春ごろから一重または八重の、白・桃色・紅紫色などの花を総状(そうじょう)に咲かせるアブラナ科の多年草。南ヨーロッパ原産で江戸時代に渡来した。和名は〈あらせいとう〉で、漢字で書けば「紫羅欄花(あらせいとう)」。むかしフランスで心に決めた女性への一途な愛の証としたことから、花言葉は「愛の絆(きずな)」。春の季語。

スノードロップ snowdrop

早春、六枚の花びらのうち三枚の先端に緑色の斑(ふ)があり、あとは雪のように純白の花を下向きに咲かせるヒガンバナ科の球根草。直訳すると「雪の雫(しずく)」で和名は〈待雪草(まつゆきそう)〉。春の到来を告げる花であるところから、花言葉は「告知」「恋の最初のまなざし」。春の季語。

州浜草 すはまそう

⇩〈雪割草(ゆきわりそう)〉

墨染桜 すみぞめざくら

里桜の品種の一つで、単弁の小ぶりの花は白いが、茎や葉は墨染衣のように青い。九世紀末に、日本史上初の関白といわれる藤原基経が亡くなり深草（現京都市伏見区）に葬ったとき、上野岑雄(かみつけのみねお)は「**深草の野辺の桜し心あらばことしばかりはすみぞめに咲け**」、深草の野辺の桜よ、心があるなら今年だけは服喪の色に咲いてくれ、と詠んで悼(いた)んだ（『古今集』巻十六）。これには無情な花木も心を動かされたか、深草には「墨染桜」が青く咲いたという。のち能・浄瑠璃などにさまざまに脚色された桜で、室町時代の禅僧漆桶万里(しっとうばんり)「**洛社の諸彦(しょげん)と同(とも)に深草に遊び墨染の桜を看る**」に「**洛下に名を伝ふ墨染の花　風吹けば一片袈裟に点ず**」と詠じられた（『梅花無尽蔵抜書』）。

菫 すみれ

春、日当たりのよい山野や野道に生えるスミレ科の多年草。濃い紫色の五弁の小花は可憐で、詩歌に歌われ野遊びの対象となってきた。『万葉集』巻八に「**春の野にすみれ摘みにと来し我そ野をなつかしみ一夜寝にける**」。「すみれの花咲く頃」は宝塚歌劇団を象徴する歌としてよく知られている。観賞用に栽培され、〈三色菫〉〈パンジー〉など種類が多い。西洋では聖母に捧げられる花として、花言葉は「誠実」。春の季語。⇩〈一夜草（ひとよぐさ）〉

菫程な小さき人に生れたし　夏目漱石

李の花　すもものはな

李は、三月ごろ葉の出る前に直径二センチほどの小さな白い花をつけるバラ科の落葉果樹。『万葉集』巻十九に「**わが園の李の花か庭に降るはだれのいまだ残りたるかも**」、庭が白いのは李の花のせいだろうか、それとも降った雪がまだらに消え残っているのかな、と。果実は小さい桃を思わせ、食べるとやや酸っぱいので「酸桃（すもも）」がその名の由来かという。室生犀星「抒情小曲集」小景異情その五に「**なににこがれて書くうたぞ／一時にひらくうめすもも／すもものの蒼さ身にあびて／田舎暮しのやすらかさ／けふも母ぢやに叱られて／すもものしたに身をよせぬ**」。「李の花」「李花（りか）」は、春の季語。

多摩の瀬の見ゆれば光り李咲く　山口青邨

生花　せいか

自然の中に咲いているそのまんまの花。〈造花〉に対する語。〈生け花〉のこともいう。

背高泡立草　せいたかあわだちそう

河川敷や荒地に生え、高さ二メートルにもなるキク科の多年草。一〇月ごろから茎の先端に黄色い小花を穂状につける。北アメリカ原産の帰化植物で繁殖力が強く、戦後急速に野生化した。〈秋の麒麟草（きりんそう）〉に似ているがずっと背が高い。ただ「泡立草」ともいう。同じ帰化植物で花粉アレルギーの原因となる嫌われものの〈豚草（ぶたくさ）〉と似たところがあるので忌避されるが、「背高泡立草」は〈虫媒花〉で花粉は飛散しない。豚草の葉は蓬（よもぎ）に似て深い切れ込みがあるが、背高泡立草の葉は細く切れ込みはない。強い繁殖力から、花言葉は「生命力」。秋の季語。

世の末の花かも背高泡立草　矢野絢

背高泡立草（せいたかあわだちそう）

石竹　せきちく

古くに伝来して園芸品種として栽培され初夏、茎の先に白・薄桃色・赤色などの花をつけるナデシコ科の多年草。中国原産で、五弁の花びらの縁に切れ込みがあり〈撫子（なでしこ）〉に似ているところから、「大和撫子」に対して「唐（から）撫子」という。夏の季語。

石竹や美少女なりし泣きぼくろ　倉橋羊村

雪花　せっか

①雪のように真っ白な花。晩唐の詩人温庭筠（おんていいん）の「杏花」に「**紅花初めて綻び雪花繁（しげ）く、重畳高低小園に満つ**」と。②ひらひら舞い下りてくる雪片を花びらに見たてていうことがある。

雪月花の勢揃い　せつげつかのせいぞろい

「雪月花」と並称するが、三つ同時に揃うことはなかなかない。明治の国文学者芳賀矢一の証言によれば「明治四十一年四月の時ならぬ雪には雪月花の三つの眺めが揃ったが、艶陽駘蕩（えんようたいとう）の花時に雪が降るということはむしろ景色の打（ぶち）壊しであって、美観では無い」と記している（『月雪花』）。

石斛の花　せっこくのはな

山の岩や老木に着生し、夏、茎の節から二本出した花柄（かへい）の先に白ないし薄紅色の清楚な花をつけるラン科の常緑多年草。夏の季語。

石斛や朝雲ひゆる峰の寺　高田蝶衣

さ行

雪中花　せっちゅうか

寒さに強く、冬から早春にかけて雪の中でも咲く〈水仙〉の別名。「雪中華」とも書く。⇩〈水仙〉

雪中四花　せっちゅうしか

まだ寒気の厳しい時期に雪の中でも凜々しく咲く〈蠟梅（ろうばい）〉〈椿〉〈梅〉〈水仙〉をいう。

節分草　せつぶんそう

山地の林間や渓谷の斜面などに生えるキンポウゲ科の多年草。節分のころ、地下の球茎から伸びた一〇センチほどの花茎（かけい）の先に白色五弁の花（実は萼片（がくへん））をつけるところからその名がある。春の季語。

薄日中節分草は瞳（め）をひらく　平野房

ゼラニウム　Geranium

花壇や鉢に植えられ五月ごろ、縁取りのあるハート形ないし円形の葉の間から茎を伸ばし赤・白・桃色などの花を咲かせるフウロソウ科テンジクアオイ属の多年草の総称。花期が長く秋ま

越前水仙

源平の争乱がはじまった平安末期、越前国居倉（いくら）浦の郷士山本五郎左衛門は、嫡男の一郎太以下を率いて木曾義仲の京攻めに加勢した。留守を守っていた弟の二郎太は、ある日海に出たとき波間に漂う娘を見つけて助け上げる。息を吹き返した娘の稀にみる美しさに二郎太は恋に落ちた。娘も命の恩人の二郎太を慕った。そこへ宇治川の合戦に敗れ、戦場で父を討たれた一郎太が自らも片足を失って帰還してきた。傷が癒えた一郎太も娘を見て心を奪われた。仲のよかった兄弟が、娘をめぐって険悪になり、果し合いにまで発展した。心を傷めた娘は、自分が命を絶つほかないと決意し、越前岬から身を投じて荒れ狂う海の藻屑と消えた。やがて長い冬が過ぎようとしたとき、海辺にこれまで見たこともない美しい花が咲いた。清ら

で咲きつづける。和名は「天竺葵」。虫除け効果があるため西欧では窓辺などに置かれ、花言葉は「信頼」「尊敬」。夏の季語。

ゼラニューム咲かせアビタシオンの窓々　成瀬櫻桃子

千紫万紅　せんしばんこう

⇩巻末「花のことわざ・慣用句」

千本桜　せんぼんざくら

奈良県吉野山は一山全体に桜が植えられていて、古来「吉野の千本桜」と称えられている。謡曲「吉野天人」には「**さても我れ春になり候へば、ここかしこの花を一見仕り候。中にも千本の桜を年々に眺め候。この千本の桜は、みよしのの種取りし花と承り**」とある。江戸時代の俳人安原貞室には「**是は是はとばかり花の吉野山**」と詠まれ、同じく各務支考の句に「**歌書よりも軍書に悲し吉野山**」とあるとおり『義経千本桜』の源義経に次いで後醍醐天皇の事績も遺っていて、満開の桜の雲に包まれた「千本桜」の吉野山は、訪ねる人を歴史懐旧の想いに誘う哀話に富んでいる。⇩〈一目千本〉

かな白い水仙だった。海岸に球根が流れ着いていたのだろう。居倉の浦人たちは口々に、この水仙はあの美しい娘の化身にちがいないといって大事に育てた。日本海側で唯一の水仙自生地といわれる「越前水仙」発祥の言い伝えである。

挿花　そうか

花器・花瓶に花を生ける〈立花〉〈投入れ〉などの総称。「さしばな」ともいう。

造花　ぞうか

自然のままの〈生花〉に対して紙・布などで造った飾り花。

早梅　そうばい

早咲きの梅。梅は早春の花だが、日当たりのよいところでは一二月のうちから咲くものもある。〈冬の梅〉〈冬至梅〉などとともに冬の季語。

早梅や日はありながら風の中　原石鼎

薔薇　そうび

〈薔薇（ばら）〉の音読み。『古今和歌集』巻十「物名（もののな）」に「**我はけさうひにぞ見つる花の色をあだなる物といふべかりけり**」、私は今朝初めて花を見たが、たおやかで美しい花だというべきだなあ、と。この花は何か。「物名」とは和歌三十一文字の中にうまく物の名前を隠し詠みこむ言葉遊びで、この歌の中に「薔薇（そうび）（さうび）」が隠れているのだが、おわかりでしょうか。

蘇鉄の花　そてつのはな

九州南部や沖縄などの海岸沿いに自生し、雌雄異株で夏に長さ五〇～六〇センチほどの松笠を思わせる雄花をつけるソテツ科の常緑低木。木が南国情緒たっぷりの姿をしているので観賞用に各地の庭園などに植栽されている。〈ご赦免花〉の異名がある。「蘇鉄の花」は夏の季語。

海の香の花をあげたり大蘇鉄　野島恵禾

蕎麦の花　そばのはな

蕎麦は、冷涼な山間の畑に栽培されるタデ科の一年草。多数の小さい白花が夕闇の山畑一面に咲き広がる光景は白々として、寂しくも深い余情がある。蕎麦は荒れ地・やせ地でも育ち、夏の初めに種を播（ま）き夏の終わりに収穫する「夏蕎麦」と晩夏に種を播き秋に花が咲く「秋蕎麦」がある。花言葉は、「懐かしい思い出」。「蕎麦の花」は秋の季語。

浅間曇れば小諸は雨よ蕎麦の花　杉田久女

染井吉野　そめいよしの

春の日本列島を南から北へと咲き上る代表的な桜。葉に先立って花が咲き、蕾（つぼみ）は淡紅色だが開花すると紅は薄れて白花となる。江戸時代に〈大島桜〉と〈江戸彼岸桜〉を交雑して作り出したとされる。江戸・染井の植木屋が売り出したのでその名があるといわれ、〈吉野桜〉とは無縁。近年のDNA研究によれば〈山桜〉の遺伝子も混じっているという。ひところ「染井吉野」は韓国済州島の「エイシュウザクラ」を起源とするといわれたが、「エイシュウザクラ」は江戸彼岸桜と大山桜の種間雑種であることが判明し「染井吉野」とは区別された（2017・3・19 YOMIURI ONLINE）。〈江戸桜〉ともいう。春の季語。

空知らぬ雪　そらしらぬゆき

⇩巻末「花のことわざ・慣用句」

蚕豆の花　そらまめのはな

蚕豆は三、四月ごろ、白または薄紫色の蝶形の花をつけるマメ科の一、二年生の野菜。花びらに一つ大きな濃紺の斑点がある。豆の莢（さや）が空に向かって上向きにつくところからその名がついた。豆は塩ゆでにしたり揚げたり煮たりして食べる。「空豆」とも書く。「蚕豆の花」は、春の季語。

太古の村そら豆の花咲き続く　有馬朗人

た行

大根の花　だいこんのはな

大根は晩春、伸びた茎の先に白または淡い紫色の十字花を咲かせるアブラナ科の一年草ないし二年草。多肉質の根は最もポピュラーな食用野菜。「清白（すずしろ）（蘿蔔）」ともいい〈春の七草〉の一つ。「大根の花」は春の季語。なお〈花大根〉は、大根に似た花をつけるアブラナ科の一年草〈諸葛菜（しょかつさい）〉ないし「紫花菜（むらさきはなな）」の異名で、「大根の花」とは違う。

黄昏（たそが）れてより大根の花濃ゆし　服部わかえ

泰山木の花　たいさんぼくのはな

泰山木は、庭園や寺院の境内に植えられ五、六月ごろ、蓮の花に似た白く大きな美花を開くモクレン科の常緑高木。名前や雰囲気から中国原産と思われがちだが、実際は北アメリカ原産という。「泰山木の花」は夏の季語。

泰山木の大き花かな匂ひ来る　臼田亜浪

大輪　たいりん

花茎（かけい）の先端に一輪大きく咲いた花。園芸では蕾（つぼみ）のときに摘芯して余分の蕾を掻き取り、先端の一輪だけを大きく咲かせる。

田植花　たうえばな

田植のころに咲く花。また開花を田植の目安とする花。土地ごとに「田植花」の種類は異なり、たとえば東北地方では〈花菖蒲（はなしょうぶ）〉、新潟県・長野県地方では「谷空木（たにうつぎ）」、岡山県地方では〈卯の花〉であった。夏の季語。

田打桜　たうちざくら

花が咲く頃合を農作業や苗代作りの目安とする桜。〈辛夷（こぶし）〉の開花を「田打桜」とする土地も多く、所によっては糸桜・山桜などと樹種はいろいろ。

高嶺桜 たかねざくら
本州の中部以北の山地に生え晩春から初夏、赤褐色の葉と同時に白ないし淡紅色の小花をつける〈山桜〉の一品種。〈嶺桜(みねざくら)〉ともいう。春の季語。

高嶺の花 たかねのはな
見上げて我がものにしたいと願いながら手の届かない憧れの存在。

滝桜 たきざくら
福島県三春町にある樹齢一〇〇〇年以上といわれる、日本三大桜の一つとされている〈枝垂(しだれ)桜(ざくら)〉。樹高一三・五メートルに及び、四月中旬から下旬、濃い紅色の花が全樹を被って咲くさまは圧巻。一九二二年に国の天然記念物に指定された。

竹の花 たけのはな
⇩〈淡竹(はちく)の花〉

立葵 たちあおい
⇩〈葵〉

橘月 たちばなづき
橘の花が咲く旧暦五月の別称。

橘の花 たちばなのはな
橘は、四国・九州などに生え五、六月ごろ、香り高い白の五弁花をつけるミカン科の常緑低木。『万葉集』巻六に「**橘は実さへ花さへその葉(え)さへ枝に霜降れどいや常葉(とこは)の樹**」、橘宿禰(たちばなのすくね)の姓(かばね)を下賜するにあたり、橘は実も花も立派で葉まで霜がおりても永遠に緑が褪(あ)せない木だと寿(ことほ)いだ。「右近の橘」といえば平安時代以降、御所の紫宸殿(ししんでん)の階(きざはし)の西側（紫宸殿を背にして右）に植えられていた「橘」のことで、芳香のある花が愛(め)でられた。「橘の花」は夏の季語。
⇩〈花橘〉

橘の花の下にて伊豆の海　甲田鐘一路

蓼の花 たでのはな
蓼は、河原や田圃(たんぼ)など水辺に生え夏から秋にかけて、枝の先に薄紅色の花を穂状につけるタデ科の一年草。長楕円形の葉は柳の葉に似ている。ただ「蓼」といえば「柳蓼」を指すことが多い。『万葉集』巻十一に「**わがやどの穂蓼古幹摘み生ほし実になるまでに君をし待たむ**」、私の庭に生えている穂蓼の枯れ茎についている実を摘んで播き、芽が出てまた実をつけるまであなたを待っています、と。〈犬蓼〉は通称〈赤まんま〉として有名。「蓼の花」は秋の季語。

食べてゐる牛の口より蓼の花　高野素十

立て花　たてばな

生け花の表現様式の一つで、松・梅などの花木を立てて花器に生け、仏前や床の間に飾るもの。⇩〈立花〉

種播き桜　たねまきざくら

東北地方などで〈辛夷〉の開花に合わせて苗代に種を播くところから、辛夷の花をいう。

多年草　たねんそう

菊や百合のように、冬には地上の部分が枯れても、根や地下茎は二年以上にわたって生存し、春になると芽を出す草本植物。

玉椿　たまつばき

椿を詩歌に詠んだり、長寿の木として貴んでいうときの美称。春の季語。

玉椿百をかぞへてのち淋し　愛下千鶴

手向け花　たむけばな

死者の霊に手向けたり仏前に供えたりする花。

ダリア　Dahlia

切り花・観賞用として花壇や鉢に植えられ、初夏から秋に紅・白・黄色など多彩な花を咲かせるキク科の多年草。メキシコ高原の原産で日本へはオランダより入り、明治以降盛んに栽培された。多数の筒状の花弁が整然と球形に咲くポンポン咲き、多くの細い花弁をウニのように放射状に伸ばすカクタス咲きなどさまざまな種類がある。「天竺牡丹」ともいう。変化に富んだ美しい花姿から、花言葉は「華麗」「気品」。夏の季語。

ダリア大輪ルヰ王朝に美女ありき　福田蓼汀

単性花　たんせいか

一つの花に雄しべか雌しべのどちらか一方だけしかもたない花。雄しべしかもたない〈雄花〉、あるいは雌しべしかもたない〈雌花〉のこと。〈不完全花〉ともいう。一つの花に雄しべ・雌しべの両方がそろっている〈両性花〉に対する語。桜・菜の花など多くの花は両性花で、「南瓜（かぼちゃ）」の花は雄花と雌花が同一個体に咲く雌雄同株の単性花。一方銀杏（いちょう）は雌雄異株の単性花。⇩〈両性花〉

探梅　たんばい

早咲きの梅の花を求めて、まだ冬の野山を逍遥（しょうよう）すること。冬の季語。

探梅や消えんばかりに昼の月　小川匠太郎

単弁花　たんべんか

花びらが一重の花。⇩〈重弁花〉

たんぽぽ

野原に生え春から夏、花茎（かけい）の先に黄色の小さな筒状花と舌状花（ぜつじょうか）を円形に密集させた〈頭花（とうか）〉をつける、キク科タンポポ属の多年草。漢字で「蒲公英」と書くのは、根などを薬用に用いた漢方薬「蒲公英（ほこうえい）」から。いっぽう花形を鼓（つづみ）に似ていると見て「鼓草」といい「タン・ポン」と打つところから「たんぽぽ」と呼んだとの説がある。花が終わると小花の一つ一つが白い絮毛（わたげ）のついた実となり、風に乗って飛んで行く。在来種の「関東たんぽぽ」と「関西たんぽぽ」、最も多いヨーロッパ原産の「西洋たんぽぽ」がある。英語名の「dandelion」は古フランス語の「dent de lion　ライオンの歯」に由来し、葉の形がライオンの歯のようにギザギザしているところからの名だという。綿毛で吉凶を占うところから、花言葉は「神のお告げ」。春の季語。

蒲公英のはびこり少女出奔す　明石令子

千草の花　ちぐさのはな

種類の多い「秋草」の花の意。「八千草」ともいい、ただ〈草の花〉ともいう。『古今集』巻二に「**さく花はちぐさながらにあだなれど誰かは春を怨みはてたる**」、数えきれないほど多くの花のどれも散りやすくあてにならないが、そんな頼りにならない花を咲かせるからと言って誰が春を恨んだりするだろうか、と。里見義(さとみただし)作詞のアイルランド民謡「庭の千草」に「**庭の千草も虫の音も、枯れて寂しくなりにけり**」。

父子草　ちちこぐさ

野原に生え四月ごろ、茶褐色の小さな花をつけるキク科の多年草。〈母子草(ははこぐさ)〉に似ているがやや小ぶりで痩せており、母子草の花が黄色いのに対して「父子草」の花はくすんだ茶色。春の季語。

けぶれるは羅漢の山の父子草　原田喬

茶の花　ちゃのはな

茶は、鎌倉初期に日本臨済宗の始祖の栄西(えいさい)が中国・宋から持ち帰ったツバキ科の常緑小高木。各地の茶畑や農家の風除け・生垣として植えられ、晩夏から初冬に咲く小さな白い花の真ん中に多くの金色の雄しべがある。派手な花ではないが、冬景色の中に咲いている姿に「追憶」という花言葉にふさわしい風情があり、茶人や俳人に好まれている。「茶の花」は冬の季語。

茶の花の咲くまで忘れられし径(みち)　小川笹舟

茶花　ちゃばな

茶会のときなど茶室の床(とこ)の間(ま)に生ける花。一月は〈蠟梅(ろうばい)〉、二月は梅などというようにその季節の花を生けるが、華やかなものやあまり匂いのきついものは避け、侘(わ)びの感じられるものが選ばれる。

中性花　ちゅうせいか

雄しべ・雌しべが退化し種ができない花。たとえば「額紫陽花(がくあじさい)」の周囲の装飾花や「矢車菊」の周縁の管状花などがそれに当たる。

虫媒花　ちゅうばいか

花粉が昆虫によって運ばれ、雌しべの柱頭に付いて受粉する花。桜・百合・菜の花など。花は昆虫を誘うために色鮮やかでよく目立ち、強い匂いを放つ蜜腺の発達しているものが多い。花粉には昆虫の体に付きやすいように毛や粘着性がある。⇩〈水媒花〉〈鳥媒花〉〈風媒花〉

チューリップ　tulip

小アジア・地中海沿岸の原産種がオランダなどで改良され、世界中で栽培されるようになった球根植物。四、五月ごろ花茎の先に赤・白・黄色・紫など多彩な大きな鐘形の花を上向きに咲かせるユリ科の多年草。花弁は六枚だが八重咲きもある。三人の騎士から求婚され一人を選ぶことのできなかった少女が、女神に頼んで自分をチューリップに変えてもらったという言い伝えから、花言葉は「思いやり」。また、赤花は「恋の告白」で、不吉といわれる黄花は「希望のない恋」。春の季語。

チューリップの花には侏儒が棲むと思ふ　松本たかし（「侏儒」は「しゅじゅ」か「こびと」か？）

弔花　ちょうか

弔いのときに霊前に供える生花や花輪。

頂花　ちょうか

チューリップのように花茎の先端に〈花冠〉が一つつく花姿をいう。〈たんぽぽ〉などキク科の花も花柄の先に花が一個つく形では同じに見えるが、キク科の花は実際は、花の中心の管状花の集まりを舌状花の花弁が囲んで一つの花のように見える〈小花〉の集合体であって、「頂花」ではなく〈頭花〉という。⇩〈頭花〉

鳥媒花　ちょうばいか

花粉を鳥が雌しべの柱頭に運び受粉する花。メジロが授粉する〈椿〉〈山茶花〉など。⇩〈水媒花〉〈虫媒花〉〈風媒花〉

重陽の節句　ちょうようのせっく

旧暦九月九日の〈菊の節句〉のこと。「九」は「陽数」の極であり、それが重なっているところから「重陽」「重九」などという。「五節句（旧暦一月七日・三月三日・五月五日・七月七日・

九月九日)」の一つである。日本では古来宮中では観菊の宴が催され、民間では刈上げの節句として収穫を祝い茄子を食べた。鎌倉時代の史書『吾妻鏡』文治二年(一一八六)九月九日の項に以下のような記事がある。「重陽」の節句を迎えて藤判官代(藤原)邦通が源頼朝に菊花を献上した。『芸文類聚』『風俗通義』によれば中国河南省南陽郡酈県の山上には多くの菊が咲いているといい、その山を源流とする甘谷の水を飲んだ人々は長寿を保ったとの言い伝えがあるので、それに倣って菊花を北面の壺に植えたところ、あたりに芳しい匂いがただよい、つやのある美しい色が垣内に満ちた。喜んだ頼朝は、毎秋必ずこの花を進上するようにと邦通に命じられた、と。「重陽」は秋の季語。

鍬提げて野に重陽をうたひけり　宮林菫哉

蝶よ花よ　ちょうよはなよ

女の子などを可愛がり大事に育てること。

散り椿　ちりつばき

散って地面に落ちている〈椿〉。椿は花ごとポトリと落ちる落椿が多いが、樹上で花が壊れたり地面に落ちて砕けたりして散り敷いていることもある。春の季語。

椿散るあ、なまぬるき昼の火事　富沢赤黄男

散り花　ちりばな

盛りを過ぎて散った花。落花。鎌倉末期の『夫木抄』巻四に「**苔の上の庭の散り花いくかへり嵐につけてふりかはるらむ**」、庭の苔の上に散り敷いている花びらは、強い風が吹くたびに何度も入れ替わっているのだろう、と。

散る桜　ちるさくら

春風に吹かれて舞い散る桜。「散り桜」ともいう。桜は散りぎわが美しいといわれ、さまざまに詩歌に詠まれてきた。日本人は散った桜にまで心をこめ、「花の塵」〈花屑〉あるいは〈花筏〉などと名づけて慈しみ味わいつくしてきた。〈花吹雪〉〈飛花〉などは激しく散る桜だ

が、「しずかに散るのならば【散る桜】とおだやかに言うのがよい」と水原秋櫻子は言っている（『俳句歳時記』）。春の季語。

散る桜残る桜も散る桜　良寛

ちるさくら海あをければ海へちる　高屋窓秋

珍花　ちんか

色や形が変わった見なれない花。咲き始めの花。

ちんぐるま

本州中部以北の高山の、雪が解けた湿地に大群落をつくる代表的な高山植物で夏、伸ばした花茎の先に白い五弁花をつけるバラ科の落葉小低木。つまり草ではなく木本で、茎には年輪がある。漢字で書くと「稚児車」。実が生るころ雌しべの花柱が風車のような形になり、これが稚児車に似ているとして名がついた。夏の季語。

ちんぐるまざわめき霧の生まるるか　伊藤いと子

月見草　つきみそう

本来は河原・野原などに生えるアカバナ科の多年草で、夏の夕方白色四弁の花を開き、翌日にはしぼんで紅色になる。江戸末期に渡来し観賞用に栽培されたが、繁殖力が弱く今ではほとんど姿を消した。現在一般に「月見草」と呼ばれているのは、同じころに渡来し同じように夏の夕方咲く黄色の〈待宵草〉や〈大待宵草〉のこと。「**黄の上に緑の露や月見草**　川端茅舎」などと詠まれているが、本来の月見草は黄色ではなく白花である。夕方ひっそり咲く花姿が片恋を連想させるのか、花言葉は「ものいわぬ恋」。夏の季語。

月見草灯よりも白し蛾をさそふ　竹下しづの女

待宵草夜の色の黄を濃くひらく　社本茂子

月雪花　つきゆきはな

「雪月花」の和風の並べ方。⇩コラム「雪月花・1」（四二頁）

作り花　つくりばな

紙や布でつくった造花。『竹取物語』に「**賓頭盧の前なる鉢のひた黒に墨付きたるを取りて、錦の袋に入れて作り花の枝に付けてかくや姫の家に持て来て見せければ**」、賓頭盧尊者像の前にある真っ黒に煤けた鉢を錦の袋に入れ、造花の枝に付けてかぐや姫の家に持って来て見せると、と。

辻が花　つじがはな

麻の単物用の着物地に草花模様を染めるとき、絞りにした輪郭の中に描絵で藍と紅の葉や花を染め出す模様染め、ないしその技法。室町・安土桃山時代から江戸初期まで盛んに行われて現代に至る、華麗な絵模様染め。夏の季語。

つつじ

春から夏にかけて日本の山野や庭園を華やかに彩るツツジ科ツツジ属の低木の総称。多く先端が五裂した漏斗状の〈合弁花〉で、色は赤紫・白・橙色など多彩。三葉つつじ・山つつじ・蓮華つつじ・皐月・霧島つつじなど種類が多く、園芸種だけでも五〇〇種以上になるという。漢字で書くと「躑躅」。花言葉は、赤つつ

椿姫

『椿姫』は、一八四八年に刊行されたフランスのデュマ・フィス（大文豪アレクサンドル・デュマの子）の悲恋小説。当時パリには金持ちの貴族の妾になって享楽的な日々をおくる高級娼婦たちがいた。なかでも際立って美しいマルグリット・ゴーティエはまだ二〇歳で、不品行な生活にもかかわらず気高さと清らかさを失わない稀有な女性だった。毎晩のように馬車で劇場や舞踏場に乗りつけ、歓楽におぼれる日々を送っていた。彼女の桟敷席にはかならず好物のボンボンと椿の花束が置かれていて、人びとは彼女を「椿姫」と呼んだ。

地方出の純朴な青年アルマン・デュバルは、あ

じが「愛の喜び」、白つつじが「初恋」。春の季語。

日の昏れてこの家の躑躅いやあな色　三橋鷹女

椿　つばき

たくさんの大輪の美花を咲かせて日本の春を彩るツバキ科の常緑高木。野生の〈藪椿〉を原種として栽培された日本原産の観賞花木の代表といえる。木偏に春と書く「椿」は和製漢字で、中国表記を逆輸入して「海石榴」とも書く。種から食用・整髪用になる椿油が採れる。〈寒椿〉〈散り椿〉「夏椿」〈玉椿〉〈雪椿〉〈つらつら椿〉など多様な展開を見せる。伊豆大島の「大島節」に「**わたしゃ大島　御神火育ち　胸に煙は絶えはせぬ／つつじ椿は御山を照らす殿の御船は灘照らす**」と。非の打ち所のない華麗な花姿から、花言葉は「完全な愛」、また目立つ外見のわりに匂いのないところから「控えめなやさしさ」。春の季語。

赤い椿白い椿と落ちにけり　河東碧梧桐

た行

ある日街で買い物をしているマルグリットを見初め、一目で彼女の虜となった。彼女が肺に重い病をもっていると聞くと、心配のあまり毎日のように彼女の容体を聞きに出向いた。のちに彼女と会ったとき、病気を案じていたと告げると、マルグリットは「毎日見舞に来て名前も告げずに帰って行ったという方はあなたでしたのね」と心を打たれた表情をした。そして、あなたのような優しい人は私のようなやくざな女を好きになってはいけないと諭したが、アルマンの真心のこもった愛に心を動かされ、花束から紅い椿を一輪抜き取って与えると、逢瀬の約束をするのだった。

こうして心を許し合った二人は、虚飾のパリを去ってブージヴァルという景色のいい田舎で暮らし始める。だがそんな夢のように幸せなある日、突然アルマンの父親が姿を現す。息子が娼婦と同棲していると知り、家の名誉のために二人を別れ

茅花 つばな

各地の野原に生えるイネ科の多年草「茅萱(ちがや)」の銀白色の花穂(かすい)「ちばな」が転じて「茅花(つばな)」となった。茅萱の古名は「茅(ち)」で、五、六月ごろ柔らかい穂を伸ばして小花をつける。『万葉集』巻八に「**茅花抜く浅茅(あさじ)が原のつほすみれ今盛りなり我が恋ふらくは**」、食用にするため茅野(かやの)で茅花を引き抜いていますが、そこに壺菫が盛んに咲いていています。同じように今も盛んにもえあがるばかりです、私のあなたへの恋心は、と。春の季語。

川しまやつばな乱れて日は斜 闌更（「川しま」は川の中洲）

壺菫 つぼすみれ

日当たりのよい晩春の野に生え、ハート形の葉の間から伸ばした花茎(かけい)の先に白ないし菫色の小花をつけるスミレ科の多年草。『万葉集』巻八に「**山吹の咲きたる野辺のつぼすみれこの春の雨に盛りなりけり**」、山吹が咲いている野原の

させようというのだ。毎日父親を説得しにパリに出向いていたアルマンがある夜帰宅すると、マルグリットの姿が消えていた。留守の間に何があったのか？　彼女の行方を探し求めた先に手紙が残されていた。そこには、「あなたがこの手紙を読むころには自分はもうほかの男のものになっているでしょう」と書かれていた。そして「たとえ束の間でも、あなたはマルグリット・ゴーティエという堕落した女を心から愛してくださいました。その女はあなたのおかげで一生のうちにただ一度だけ、本当に幸せな日々を過ごすことができたのです」とも書かれていた。

パリで見つけたマルグリットは、毎晩ダンスや芝居にでかけては浴びるように酒を飲み、前以上のすさんだ生活をしていた。あんなに嫌っていたN伯爵に身をまかせて。アルマンは絶望と屈辱のあまり、マルグリットへの復讐に暗い熱情を燃や

壺菫はこの春雨に濡れながら盛んに咲いている、と。白っぽい花弁に薄紫の筋が何本もあり、花の後ろの出っぱりが壺のように見えるところから「壺菫」の名があるというが、庭の垣根などに囲まれた壺（坪）によく生えるからという説もある。春の季語。

片栗の群がる中の壺菫　三谷貞雄

つぼみ

花が開く前の花芽（はなめ）。「蕾」とも「莟」とも書く。「蕾」は花びらが重なっている意、「莟」は花びらが開こうとしている意。

詰草　つめくさ

畑・庭・道端など土があればどこにでも群生するマメ科の多年草。〈白詰草〉と〈赤詰草〉がある。春から夏に花軸を伸ばし先端に白詰草は白、赤詰草は赤紫の多数の蝶形の花を、球状に咲かせる。

爪草　つめくさ

野山や道端に生え春から秋、五弁の白い小花を

す。賭博で作った大金で彼女の同輩の娼婦を愛人にし、出合うたびにむごい言葉と残酷な態度で彼女を侮辱した。そのたびにマルグリットは、悲しそうな目でアルマンを見つめるだけで、何も言わなかった。やがてパリから彼女の姿が消えた。復讐する相手がいなくなったアルマンも東方へ旅立つ。旅先でアルマンは、マルグリットの病状が重いことを知る。手紙を書くと、すでに死期の迫ったマルグリットから返事と手記が届いた。手記の中には彼女の突然の心変わりの、何人（なんびと）も涙なしには読めない本当の理由が書かれていた……。放縦で不品行な暮らしをしていた一人の高級娼婦が、生涯にただ一度真面目な恋をし、そのために苦悩し、その恋ゆえに死んで行った。哀れにも気高い女性の短い一生を描いた『椿姫』は、デュマ・フィスの第一作として好評を博し、さらにヴェルディにより歌劇に脚色されて長い人気を保っている。

つけるナデシコ科の一年草あるいは二年草。葉が鳥の爪のような形をしている。

露草　つゆくさ

野山の湿地や小川の土手などに生えるツユクサ科の一年草。夏から秋にかけて、花弁が藍色で雄しべの先が黄みがかった小花をつける。古くは花の青色で布を染めた。「月草」ともいうが「つきくさ」の「つき」は「搗き」で、この花を臼で搗いて青い染料をとったからという。『源氏物語』横笛に「**かしらは、露草して、ことさらに色どりたらむ心地して、口つきうつくしう匂ひ**」、光源氏の正妻女三宮と柏木との不義の子の薫は、髪の毛は露草でわざわざ染めたかのように青い色をし、口元も魅力的に色映えて、と描写している。雄しべの黄色が蛍の光を思わせるからか「蛍草」ともいう。古来日本人にはごく親しい花で、花言葉は「懐かしい関係」。秋の季語。

露草や高原の汽車唯二輌　滝春一

露は尾花と寝たという　つゆはおばなとねたという

⇩巻末「花のことわざ・慣用句」

つらつら椿　つらつらつばき

数多く連なって咲いている〈椿〉。「つらつら」は漢字で書くと「列列」。『万葉集』巻一に「**河上のつらつら椿つらつらに見れども飽かず巨勢の春野は**」、川のほとりに連なって咲いている椿のようにつらつら眺めていても巨勢の春の野の景色は見飽きることがない、と。念入りにという意味の「つらつら」を導き出すための序言葉として用いられている。春の季語。

大島のつらく椿夜もなほ　中川宋淵

釣鐘草　つりがねそう

花茎の先に筒状の釣鐘形の花をつける草花をいう。俳句ではとくに六、七月ごろ、白ないし赤紫の花筒を釣り下げる〈蛍袋〉のことをいうことが多い。「提灯花」ともいう。夏の季語。

碧空に振れども鳴らず釣鐘草　西村碧雲子

釣忍　つりしのぶ
夏に涼感を求めて、シダ植物の「しのぶ草」を球状に束ね風鈴などとともに軒先に吊るすもの。

釣花　つりばな
生け花の飾り方の一つ。花を生けた花器を床の間などに置く〈置花(おきばな)〉、壁や柱に掛ける〈掛花(かけばな)〉に対して、上から釣り下げる飾り方。

蔓ばら　つるばら
蔓生(まんせい)の枝が垣根やフェンスに這いからまる〈薔薇(ばら)〉のこと。

石蕗　つわぶき
福島県（日本海側では石川県）以南の海沿いの地などに自生し、長く伸ばした花茎(かけい)の先に初冬ごろ菊に似た黄色の花をつけるキク科の常緑多年草。葉は表面に光沢があり蕗に似た形をしているが、蕗とは別種。略して「石蕗(つわ)」ともいう。ヨ陰でもつやのある緑の葉をつけているところから、花言葉は「困難に負けない」「愛よ 甦(よみがえ)れ」。「石蕗の花」は冬の季語。

つはぶきはだんまりの花嫌ひな花　三橋鷹女
老いし今好きな花なり石蕗(つわ)も咲く　沢木てい

石蕗（つわぶき）

手活けの花　ていけのはな
①自分の手で生けた花。②身請けして妻や妾にした娼妓や芸者のこと。明治時代の女流作家北田薄氷(きただうすらい)の『乳母』に「新橋の美形に千金を投じて、**手活(てい)けの花と眺め暮す者もありとかや**」。

デージー　daisy
⇩〈雛菊(ひなぎく)〉

手がけ次第の菊作り　てがけしだいのきくづくり

⇩巻末「花のことわざ・慣用句」

摘花　てきか

果実が大きく立派に稔るように、花の一部を間引いて養分を調整すること。

鉄線　てっせん

垣根や鉢に植えられ五、六月ごろ、清楚な青紫色の大きな六弁花を開くキンポウゲ科の蔓(つる)植物。花弁に見えるのは実際は萼片(がくへん)が変形したもので、白色もある。蔓が鉄線のように固いところからその名がついた。改良種に〈クレマチス〉。夏の季語。

懐しき江戸紫や鉄線花　武原はん

鉄砲百合　てっぽうゆり

奄美・沖縄など琉球列島の原産で五、六月ごろ、長さ一五センチほどもある漏斗(じょうご)状で純白の花を横向きに咲かせるユリ科の多年草。香りが高く目をみはるほど美しいので、切り花や鉢植えとして人気がある。惜しまれながら若くして不治の病に倒れた細川宏元東大医学部教授の遺稿『詩集　病者・花』に「**てっぽうゆりは／深山幽谷の花である／その純白の色と鋭い芳香には／遠く人界を距てた／けがれを知らぬ孤高さがある**」と（「てっぽうゆり」）。欧米では「イースターリリー」として復活祭や冠婚葬祭に用いられる。夏の季語。

人のごとく深夜鉄砲百合は立つ　加藤楸邨

手鞠花　てまりばな

初夏、〈紫陽花(あじさい)〉に似た白い花を咲かせるレン

手鞠花（てまりばな）

プクソウ科の落葉低木。多数の白花が鞠状に咲くところからその名がついた。「手毬花」とも書く。自生種の〈藪手鞠(やぶでまり)〉の園芸品種で「大手鞠(おおでまり)」ともいう。夏の季語。

大手毬青き蕾(つぼみ)の日かずかな　滝井孝作

天蓋花　てんがいばな

〈彼岸花〉の数多い異称の一つ。

天道花　てんとうばな

近畿地方や中国・四国地方で四月八日の仏生会(ぶっしょうえ)の日に長い竿の先に樒(しきみ)・つつじ・石楠花(しゃくなげ)などを結びつけて立てる花の塔。「高花(たかはな)」ともいい、釈尊に供えるためともいうが、もともとは田の神を迎える稲作儀礼に由来するともいわれる。春の季語としても初夏の季語としても詠まれる。

てんと花へ虻入り村の昼餉(ひるげ)どき　金子篤子

デンドロビウム　Dendrobium

観賞用に栽培され秋冬から春、円柱状の茎の節から伸ばした花柄(かへい)の先に赤紫・白などの花をつけるラン科セッコク属の洋蘭の総称。切り花・鉢植え用の園芸品種が多い。日本に古くからある「石斛(せっこく)」は近縁種。冬の季語。

デンドロビュウム置く書斎窓冬日濃し　大野美幸

頭花　とうか

〈たんぽぽ〉など花柄(かへい)の先に花冠がつくキク科の花で、中心に小さな管状花が集まりその周りを舌状花が囲んで一つの花冠のように見えるものをいう。一つの花のように見えて、実際は多数の〈小花(しょうか)〉の集合であり、〈チューリップ〉のように花茎(かけい)の先に花が一個つく〈頂花〉とは違う。「頭花」は「頭状花(とうじょうか)」ともいい、〈偽花(ぎか)〉ともいう。

桃花水　とうかすい

桃の花の咲く三月ごろの豊かな雪解け水。中国・盛唐の杜甫(とほ)の「南征」に「**春岸桃花の水、雲帆楓樹(うんぱんふうじゅ)の林／生を偸(ぬす)みて長く地を避け、遠きに適(ゆ)かんとして更に襟を霑(うるお)す**」と。

冬至梅　とうじうめ

〈野梅〉系の早咲きの梅。冬至の時節に咲きそうなほど早咲きの寒梅という意味だが、実際に咲くのは一月中旬から二月であろう。〈早梅〉。「とうじばい」ともいう。冬の季語。

冬至梅蕾微塵に暮れゆけり　百合山羽公

満天星の花　どうだんのはな

満天星は、山地に生え庭木にも植えられ四月ごろ、白い小さな壺形の花を多数下垂するツツジ科の落葉低木。秋の紅葉も美しい。「満天星つつじ」ともいう。春の季語。

触れてみしどうだんの花かたきかな　星野立子

東洋蘭　とうようらん

古くから日本や中国で愛好され栽培・観賞されてきた蘭。〈春蘭〉〈石斛の花〉〈紫蘭〉など。欧米由来の〈洋蘭〉に対していう。

十日の菊　とおかのきく

⇩巻末「花のことわざ・慣用句」

遠山桜　とおやまざくら

遠くの山に咲いている桜。鎌倉時代末成立の勅撰集『玉葉集』巻二に「**春霞あやなたちそ雲のゐる遠山桜よそにても見む**」、春だからといって春霞よやたらと立ちこめないでおくれ。しかたがないので雲がかかってしまった遠山の桜はよそへ行って見ることにしよう、と。

十返りの花　とかえりのはな

松の花のこと。松は一〇〇年に一度花が咲くといわれたが、「十返り」とはそれが一〇回繰り返すほどの長い年月という意味。松は毎年晩春に、新芽の先に紫色の雌花を伸ばしその根元に茶色の雄花をつける。春の季語。⇩〈松の花〉

十かへりのこゑやたえせん松の花　鬼貫

時の花　ときのはな

四季折々のふさわしい時節に咲いている花。転じて時を得て栄えているもの。『栄花物語』はつ花に「**諸大夫達下れるきはの上官どもなどまで、なほなほしき人の譬にいふ、時の花を挿す**

意(こころばえ)**にや、色々の薄様に押し包みたる**」、諸大夫やその下の役人たちまでが、俗に言う心づくしの時節の名産なのだろう、さまざまな色の薄い包み紙にくるんだ物を持ってやって来る、と。

常磐桜　ときわざくら

サクラソウ科の〈プリムラ〉の和名で、早春から咲き始め、涼しいところなら夏まで咲くほど花期が長いのでこう呼ばれる。また〈桜草〉の仲間をいう。

どくだみ

漢字で書くと「蕺草」。野や庭の隅の湿地に生え夏、四枚の花びらのような白い十字形の苞(ほう)を開くドクダミ科の多年草。十字の真ん中に淡黄色の小花のたくさんついた花穂(かすい)が立つ。異臭があり「どくだみ」の語源は「毒を矯(た)める（解毒）」意だといわれ、漢方の「十薬(じゅうやく)」として解毒・消炎に用いられた。梅雨時の庭の隅や木陰に群生する白い苞には「どくだみ」の名にそぐわぬ清楚な趣きがあるが、「どこか病的な感じのする花」と水原秋櫻子は言う（『俳句歳時記』）。花言葉は、子どものころ野原で見た「白い記憶」。夏の季語。

どくだみの花の白さに夜風あり　高橋淡路女

十薬が天地に青き香を放つ　市村究一郎

時計草　とけいそう

夏から秋にかけ直径八センチほどの時計の文字盤に似た白ないし薄紫色の花をつけるトケイソウ科の常緑蔓生(まんせい)多年草の総称。複雑な花形を十字架のイエスと茨(いばら)の冠などに見たてた英名は「passion flower（受難の花）」で、花言葉は「信仰」。夏の季語。

午後となり花そり返り時計草　山本螢村

常夏　とこなつ

晩春から秋にかけて緋色(ひいろ)・白・桃色などの花をつけるナデシコ科の多年草。〈石竹(せきちく)〉の一種。また〈撫子(なでしこ)〉の古名で、『源氏物語』紅葉賀(もみじのが)に「**御前の前栽の、何となく青み渡れる中に、常**

夏の、**花やかに咲き出でたるを、をらせ給ひて**」、植え込みの木や草が何となく青みがかった中に撫子の花が実に美しく咲き出たので折り取らせて、源氏は命婦に手紙を書いた、と。「常夏」が咲く旧暦六月のことを「常夏月」と言った。夏の季語。

常夏に水浅々と流れけり　松瀬青々

常初花　とこはつはな

いつも咲きたてのように新鮮に感じられる花。いつまでも清新で美しい花。『万葉集』巻十七に「**相見れば　常初花に　心ぐし　めぐしもなしに　はしけやし　我が奥妻**」、妻と会っていると、いつ見ても咲いたばかりの花のようで、気が晴れないとかいたわしいということもなく、なつかしくてたまらない私の心の奥の妻よ、と。

常花　とこはな

永く散らずに咲いている花。『万葉集』巻十七に「**橘は常花にもがほととぎす住むと来鳴かば聞かぬ日なけむ**」、橘が花の散らない木であってくれたらなぁ、杜鵑が棲みついて鳴き声を聞けない日はないだろうに、と。いっぽうで、仏具の造花の蓮の花のこともいう。薄田泣菫「ああ大和にしあらましかば」の初連の末尾に「**常花かざす芸の宮、斎殿深に／焚きくゆる香ぞ、さながらの八塩折／美酒の甕のまよはしに／さこそは酔はめ**」と。

土佐水木　とさみずき

山の岩地などに生え三、四月ごろ、葉が出る前に枝から薄黄色の花が五〜八個くらい穂状につ

土佐水木（とさみずき）

ながって垂れるマンサク科の落葉低木。高知県の山地に自生するところからの名で、「水木」というがミズキ科ではない。春の季語。

巡礼に浅黄明りの土佐みづき　池田日野

飛梅　とびうめ

平安時代、右大臣菅原道真(すがわらのみちざね)が、左大臣藤原時平(ふじわらのときひら)の讒(ざん)に遭い大宰権帥(だざいのごんのそち)に左遷されて都を立つ日、日ごろ愛(め)でていた梅の木に向かって「**東風(こち)吹かばにほひおこせよ梅の花主(あるじ)なしとて春を忘るな**」と詠むと、梅は主人を慕って大宰府まで飛び、その庭に根付いたという伝説の梅。現在、福岡県太宰府市の太宰府天満宮の庭にある梅の木がその「飛梅」の子孫だという。

ドライフラワー　dried flower

人工的に乾燥させた花。フラワーデザインや婦人服の花飾りや室内装飾などに用いる。枯れることなく、生花(せいか)とは違った独特の風合がある。作家の中里恒子は「ドライフラワーに関して私は、ちびちびした使い方は感じが出ないと思う。ガラスばかりでなく、志野や唐津や土器などの寸法のいいものに、どかっと友禅模様のように挿したり、墨絵のように大胆に使うと、生花と違った量感、色感が漂って、雰囲気がおもしろくなる」と書いている（「花ごよみ」）。

虎の尾　とらのお

全国の野山に自生し六、七月ごろ、茎の先端に多数の白い小花を総状(そうじょう)につけるサクラソウ科の多年草。弓なりに曲がった花総(はなぶさ)の先が細くなり、その形が獣の尻尾(しっぽ)に似ているところからの名。江戸時代の百科事典『和漢三才図会』巻九十四に「**六月、茎の端に花をつく。きはめて細白く穂のごとく、末窄(すぼ)く獣の尾に似る。ゆゑに名づく**」とある。一般に「虎の尾」といわれているのは「岡虎の尾」のことが多く、名前に「虎の尾」とつく植物はほかにも「虎の尾羊歯(しだ)」「沼虎の尾」「春虎の尾」「水虎の尾」「瑠璃(るり)虎の尾」など各種ある。西洋では、十字架を担がされてゴルゴタの丘に向かうイエスにハンカチーフを手渡した聖女ヴェロニカにちなむ花といわれ、花言葉は「女性の誠実」。夏の季語。

虎の尾の雨ためて昼ほととぎす　佐野良太

虎の尾桜　とらのおざくら

〈大島桜〉の一品種で、福島県会津地方の「会津五桜」の一つという。狂歌師の蔦細道（つたのほそみち）は、「**虎の尾と呼べる桜の花なれば雪と散りても踏むを恐れよ**」と詠んだ。散り敷いた落花であっても、たしかに「虎の尾」を踏んだら何が起こるかわからない。

鳥兜　とりかぶと

山野に生え秋、烏帽子（えぼし）に似た形の青紫色の花を総状（そうじょう）につけるキンポウゲ科トリカブト属の多年草の総称。花の形に特徴があり、舞楽に用いる兜のようだとも鳥の頭に似ているともいわれて名づけられた。根に猛毒があり、また、修道僧の頭巾のような特異な花姿から、花言葉は「人間嫌い」「敵意」。秋の季語。

滝道やむらさきふかきとりかぶと　及川あまき

な行

長月花　ながつきばな

長月は旧暦の九月だから、〈菊〉の別名。

投入れ　なげいれ

生け花の表現法の一つで、様式を重んじる〈立花(りっか)〉に対し、自然のままの草花を花瓶や壺・籠などに自由に生ける生け方。茶花の「一輪挿し」などはその例。室町時代末に始まり、現代の生け花へと連なる。

名残の花　なごりのはな

①晩春になお咲き残っている桜。〈残花(ざんか)〉「残桜(ざんおう)」ともいう。鎌倉時代末に成立した勅撰集の『玉葉集』巻二に「**春をしたふ名残の花もいろくれぬ豊浦(とゆら)の寺の入相(いりあい)の空**」、春を惜しむ名残の花も夕闇のなかにとけこみ、豊浦寺の上は日の入りの空、と。春の季語。

月明に名残の花のとびにけり　茨木和生

類語に〈遅桜(おそざくら)〉〈余花(よか)〉などがあるが〈遅桜〉は春の桜時にひとあし遅れて咲く〈八重桜〉や〈山桜〉の類をいう。いっぽう〈余花〉は初夏の若葉にまじって咲いている桜で、夏の季語。

②歌仙を巻くとき、懐紙の最後の「名残の折」の五句目、花の座に詠む花のことも「名残の花」という。〈匂いの花〉ともいう。

梨の花　なしのはな

梨は、四月ごろ桜に似たやや大きな白い花をつけるバラ科ナシ属の落葉果樹。葉も同時期に出るところが桜とちがう。八月ごろ実が生(な)り、赤梨の「長十郎」「豊水」、青梨の「二十世紀」などが知られる。幸田露伴は「梨の花」は冷たげで痩せた感じがし「飽(あく)まで俗ならで寂びたる花」で、「花の中のそげもの（変わりもの）」だと言い、漢詩にはよく吟じられているが、和歌に詠まれることは稀であると言っている（「花のいろいろ」）。花言葉は「愛情」。「梨の花」「梨花」は、春の季語。

馬の耳すぼめて寒し梨の花　支考

薺の花　なずなのはな

薺は、道端や空地に生え春、伸びた茎に白い小花をたくさんつけるアブラナ科の越年草。逆三角形の実が三味線のバチを連想させるので「ペンペン草」の異名がある。薺は〈春の七草〉の一つで新年の季語だが、「薺の花」は春の季語。花言葉は「君を忘れない」。

歩くこと愉しからずや薺咲き　和地清

茄子の花　なすのはな

茄子は、夏秋に薄紫色の花をつけ紫黒色の丸長い実が生るナス科の一年生野菜。「なすび」ともいう。「茄子の花」も実も、夏の季語。

またおちてぬれ葉にとまる茄子の花　飯田蛇笏

夏椿　なつつばき

⇩〈沙羅の花〉

撫子　なでしこ

山野・河原に自生し八、九月ごろ、花弁の周縁が細かく裂けた淡紅色の優美な花をつけるナデシコ科の多年草。〈秋の七草〉の一つで秋の季語とする歳時記もあるが、古歌では夏の部に入れるものが多い。『万葉集』巻十に「**見渡せば向かひの野辺のなでしこが散らまく惜しも雨な降りそね**」、見渡した向こうの野原に撫子が咲いているが、散るのは惜しいから雨よ降ってくれるな、と。「河原撫子」「大和撫子」ともいう。日本女性の象徴であり、花言葉は「純愛」「貞節」。夏の季語。

岬に咲く撫子は風強ひられて　秋元不死男

菜の花　なのはな

三、四月に黄色い花が田畑や野を明るく彩るアブラナ科の二年草。在来の小松菜・白菜・蕪などが薹を伸ばすと黄色い「菜の花」が咲く。畑でよく見かけるのは明治期に導入された「西洋油菜」のことが多い。観賞用に切り花に用いられる明るい緑色の葉のものは「ちりめん白菜」の菜の花で「花菜(はなな)」ともいう。「油菜」「菜種」ともいい、種から「菜種油」を採る。春の喜びを運んでくるところから、花言葉は「小さな幸せ」「快活」。春の季語。

波の花　なみのはな

菜の花や月は東に日は西に　蕪村（『続暁烏』）

冬の荒磯に打ち寄せた波が泡となって白く舞う光景を、花びらの散るさまにたとえた言葉。紀貫之『土佐日記』一月二二日の項に「**けふ、海荒げにて、磯に雪降り、波の花咲けり**」と。冬の季語。

一方で池の水面や川面に散り敷いた花びらが水の動きにつれてうねるように動く波のこともいう。『平家物語』灌頂巻(かんじょうのまき)の大原御幸(おおはらごこう)に、山里の粗末な庵にわび住まいする建礼門院を人目を忍ぶようにして後白河法皇が訪ねる場面が描かれている。ときに卯月(うづき)（旧暦四月）も末といえばすでに初夏だから、松に藤の花が這い上り柳

伊勢撫子(いせなでしこ)

庭や鉢に植えられ、初夏から秋にかけ、糸のような細長い花弁がしだれかかるように咲く比類のない〈撫子〉。随筆家の岡部伊都子が初めてこの花を実見したときのおどろきについて書いている。「ものの十センチ、いや十五センチにもなろうかと思われる花びらのしだれであった。まるで女人の髪のようにやわらかにそよぐ花びらをそっと指さきでほぐした。異様なしどけなさに見入っているといつのまにか幻覚のせかいに惹きいれられる。うつつかまぼろしか、清楚でありながら鬼気が漂う妖(あや)しの花だ」と（「伊勢なでしこ」）。

「河原撫子」と「石竹」の交配品種といわれ、江戸時代に伊勢地方で品種改良され光格天皇に献上されたところから、「御所撫子」の異名がある。三重県の天然記念物。

の若葉が糸のように風に乱れていた。遅咲きの山桜が水の上に散りかかったのを見て、後白河法皇の口ずさんだ歌、「**池水にみぎはの桜散りしきて浪の花こそ盛なりけれ**」、池面に桜の花びらが散り敷いてできた花筏をしきりに波が岸辺に寄せている、と。一方で、温泉からとれる硫黄沈殿物を「湯の花」というように、海水からとれる塩を「波の花」という。

南天の花　なんてんのはな

南天は、「難を転ずる」との縁起かつぎからよく庭木に植えられ、六月ごろ茎の先に白い小花を円錐形につけるメギ科の常緑低木。花言葉は「福をなす」。「南天の花」は夏の季語。

南天の花咲く鎖樋のそば　柴田白葉女

南蛮煙管　なんばんぎせる

すすき・砂糖黍などイネ科植物の根に寄生し、秋に花茎を伸ばして先端に薄赤紫色の壺形の花を横向きにつけるハマウツボ科の一年生植物。花と茎を合わせた形が煙管の雁首と羅宇に似ているのでその名がある。また花がうつむいて咲くようすが物思いしている人を連想させるところから〈思草〉ともいう。秋の季語。⇩〈思草〉

南蛮煙管月日いよいよ疾くなりぬ　米谷静二

香菫　においすみれ

花壇や鉢に植えられ早春、ハート形の葉の間から花茎を伸ばして菫色・白・桃色などの香り高い花を開くスミレ科の耐寒性多年草。「匂菫」とも書く。ヨーロッパ原産で「スイート・バイオレット」ないし、ただ「バイオレット」という。春の季語。

厨窓香菫を置きてみぬ　矢萩シン

匂いの花　においのはな

俳諧・連句で、名残の折の〈花の定座〉に詠みこむ花のこと。〈名残の花〉ともいう。

贋アカシア　にせアカシア

⇩〈アカシアの花〉

日日草　にちにちそう

花壇・鉢植えの園芸植物として栽培され、夏から秋にかけて桃色・白などの五弁花が咲きつづけるキョウチクトウ科の一年草。次々に咲く花々が楽しく語り合う若人を連想させるところから、花言葉は「生涯の友情」。夏の季語。

働かねば喰えぬ日々草咲けり　佐伯月女

日光黄菅　にっこうきすげ

北海道や本州中部の高原に群生し夏、花茎(かけい)の先に黄橙色(きだいだいいろ)の六弁の〈百合〉に似たラッパ形の花を咲かせるワスレグサ科の多年草。同種の〈夕菅(ゆうすげ)〉「黄菅」に似ている。日光の霧降高原や尾瀬ヶ原に大群落があるところからその名がついた。夏の季語。

夕かはづ日光黄菅野にともる　沢田緑生

二度咲き　にどざき

春に咲いた花が、本来咲く時期ではない秋から初冬などに再び咲くこと。〈返り咲き〉ともいう。桜・つつじなどに見られる。また、薔薇(ばら)などのように花が一年のうちに二度咲くこともいう。「二季咲き」とも。

二年草　にねんそう

春に種を播(ま)いたあと夏・秋・冬を経て二年目の春に花が咲き実をつけ、枯れるまでに二年を要する草本植物。「越年草」と混同されて使われている。

韮の花　にらのはな

韮は、畑や庭などで夏の終わりごろ、真っ直ぐ伸びた花茎(かけい)の先に白い小花の集まった半球形の花序(かじょ)をつけるヒガンバナ科の多年草。残暑の時季に涼しげな清潔感があり、俳人の平井照敏『新歳時記（夏）』は、どことなくさびしげで「夕暮れによく似合う」と言っている。独特の匂いがし、「ベツレヘムの星」の異名がある。心に秘めた人がいて、枕元に花韮を置いて寝て夢にその人が出てこなければ縁がないとあきらめるとされ、花言葉は「耐え忍ぶ愛」。「韮の花」「花韮」は夏の季語。

韮の花墓山はやく暮れそめし　木下青嶂

二輪草　にりんそう

野山の木陰などに生え四月ごろ、三裂した掌（てのひら）形の葉のあいだから二本の花茎（かけい）を伸ばし、先端に一つずつ白い五弁花（萼片（がくへん））を開くキンポウゲ科の多年草。〈一輪草〉によく似ているがやや小さい。三輪以上咲くこともあり、萼片が六、七片のこともある。最初に一輪咲き、あとからもう一輪が追いかけて咲くところから、花言葉は「友情」。春の季語。

一輪の必ず後れ二輪草　前内木耳

庭梅　にわうめ

春、葉の出る前に梅に似た淡紅色ないし白色の五弁花を咲かせるバラ科サクラ属の落葉低木。「唐棣（はねず）」ともいい、八重のものは〈庭桜〉と呼ぶ。春の季語。

庭桜　にわざくら

一般には庭に植えた桜のことだが、とくに中国原産のバラ科の落葉低木である〈庭梅〉の変種をいう。淡紅色の濃淡のある八重の花をつける園芸用の花木である。家の庭の桜をいう場合には〈家桜〉ともいう。春の季語。

葱の花　ねぎのはな

葱は、畑で栽培され春に、円球状の花序（かじょ）「葱坊主（ねぎぼうず）」をつけるヒガンバナ科の多年草。中空で円筒状の緑の葉や地面の中の白く柔らかな茎状の部分を食べる。「葱の花」「葱坊主」は春の季語。

葱の花少しひもじき日昏れ刻　鈴木真砂女

山里に首出す富士や葱坊主　村山古郷

猫じゃらし　ねこじゃらし

野原や道ばたに生え晩夏から初秋、茎の先に犬の尻尾（しっぽ）のような穂花をつけるイネ科の一年草〈えのころぐさ〉の異名。子どもがこれを摘んで猫をじゃらして遊ぶところからの名。秋の季語。

猫じやらしどうしがじやれてをりにけり　石川千花

猫柳　ねこやなぎ

野川のほとりなどに生えるヤナギ科の落葉低木「川柳(かわやなぎ)」の異称。早春、猫の毛のような柔らかい手触りの銀白色の花穂(かすい)をつけるのでいう。庭木や花材に用いる。「狗柳(えのころやなぎ)」ともいう。春の季語。

風荒き日もまだありぬ猫柳　菅谷ユキヱ

捩花　ねじばな

〈もじずり〉の別名。小さな〈蘭〉に似た淡紅色の花が花穂(かすい)の上にらせん状にねじれて並ぶのでその名がついた。⇩〈もじずり〉

ねじ花をゆかしと思へ峡燕(かいつばめ)　角川源義

合歓の花　ねむのはな

合歓木(ねむのき)は、野山や川岸などに生え六、七月ごろ、薄紅色の絹糸の扇のような花をつけるマメ科の落葉高木。花に見える絹糸のようなものは雄しべで、ギザギザの羽根状の葉は夜になると眠るように閉じるところから「合歓(ねむ)」の名がある。花は逆に夕方開く。「ねぶ」ともいう。「合歓の花」は、夏の季語。

象潟(きさかた)や雨に西施(せいし)がねぶの花　芭蕉（西施は中国・春秋時代の越(えつ)の美女。越が呉に敗れたあと呉王夫差(ふさ)に献上され、夫差は西施の美貌に溺れて国を危うくした）

野茨　のいばら

全国の野山に生え初夏、棘(とげ)のある蔓(つる)状の枝先に直径二センチぐらいの白または淡紅色の五弁花を密生させてつけるバラ科の落葉低木。秋に球形の赤い実になる。「野ばら」〈花茨〉ともいう。夏の季語。

野茨の咲く頃村を出(い)でしまゝ　前沢落葉女

凌霄の花　のうぜんのはな

庭木などに植えられ、茎から吸着根を伸ばして近くの木に這い上り夏、赤橙(あかだいだい)色のラッパ状の花を次々咲かせるノウゼンカズラ科の蔓生(まんせい)落葉中高木。花は散りやすく、真夏の朝夕の路上に赤い花だまりができる。「のうぜんかずら」ともいう。夏空に向かって高鳴るラッパのイメージから、花言葉は「栄光」「夢ある人生」。夏の季語。

塵とりに凌霄の花と塵すこし　高野素十

野菊　のぎく

とくに「野菊」という品種があるわけではなく、秋野に咲く野生の菊を総称していう。宮崎県地方の「稗搗節」に「**庭の山椒の木に　鳴る鈴かけて　鈴の鳴るときゃ　出ておじゃれ／泣いて待つより　野に出て見やれ　野には野菊の花ざかり**」。「野紺菊」〈嫁菜の花〉「竜脳菊」など、菊に似た可憐な花で秋の野山を彩るものの総称。秋の季語。

子狐の隠れ貌なる野菊かな　蕪村

野の百合　ののゆり

春野に咲いている百合。『新約聖書』マタイ伝第六章の「山上の垂訓」のイエスの言葉に「**又なにゆゑ衣のことを思ひ煩ふや。野の百合は如何にして育つかを思へ、労せず、紡がざるなり。然れど我なんぢらに告ぐ、栄華を極めたるソロモンだに、その服装この花の一つにも及かざりき**」と。

野萩　のはぎ

山野に自生している野生の萩。秋の季語。

野ばらの花　のばらのはな

野ばらは、日本中の野山に自生しているバラ科の落葉低木で、〈野茨〉ともいう。初夏、棘のある枝先に香りのよい白または淡紅色の五弁一重の小花がたくさん開くと〈花茨〉と呼ぶ。秋には小さな球形の実になり赤く熟す。「**童は見たり　野中のバラ…**」と唄われる素朴な愛らしさから、花言葉は「詩情」。「花茨」「野ばらの花」は夏の季語。⇩〈茨の花〉

父祖の名の残る用水野ばら咲く　渋谷かず枝

糊うつぎ　のりうつぎ

⇩〈さびたの花〉

野分の花　のわきのはな

野分の強風にうねり、強雨にたたかれて咲いている秋の花々。〈萩〉〈紫苑〉など。

は行

梅園　ばいえん

観賞用また果樹として梅の木を多く栽培している庭園・果樹園。春の季語。

ハイビスカス　hibiscus

〈木槿(むくげ)〉〈葵(あおい)〉などと同種で夏の陽光のもと、緋(ひ)色(いろ)・紅色・黄色などの大輪の花を咲かせ、南国情緒をただよわせるアオイ科フヨウ属の熱帯性常緑低木。沖縄県地方など暖温帯から熱帯に分布し、アメリカ・ハワイ州の州花として知られる。和名は〈仏桑花(ぶっそうげ)〉。花言葉は「デリケートな美」。夏の季語。

ハイビスカス子は沖縄の娘を愛す　森信子

梅林　ばいりん

多くの梅の木が栽培されている場所。春の季語。

梅林の梅は白から見えはじむ　後藤立夫

萩　はぎ

山野に生え夏から秋にかけて、赤紫または白い蝶形の小花が総(ふさ)をなして垂れ下がるマメ科の落葉低木。〈秋の七草〉の一つに数えられるが、本来は草ではなく、多くの枝が分岐した背の低い樹木を意味する「灌木(かんぼく)」である。秋風が吹くと小さな楕円形の葉をつけた枝がうねるように揺れ、多数の花が咲きこぼれて地面に散り敷く。古来日本の秋を代表する景物として詩歌に歌われてきた。『万葉集』巻十五に「**秋の野をにほはす萩は咲けれども見る験(しるし)なし旅にしあれば**」、秋の野に萩が美しく咲き匂っているけれど、一緒に見る妻もいない旅先だから見る甲斐がない、と。〈秋萩〉〈野萩〉「山萩」ともいい「宮城野萩」は中部地方から東北地方にかけて多い。たおやかな花姿から、花言葉は「想い」。秋の季語。

一つ家に遊女も寝たり萩と月　芭蕉
つぎつぎに人現はるる萩の中　五百木飄亭

萩の盛りによき酒なし　はぎのさかりによきさけなし

⇩巻末「花のことわざ・慣用句」

萩の下露　はぎのしたつゆ

古歌などで「荻の上風」と対にして、秋萩に置く露をいう表現。平安時代中期の漢詩文・和歌集の『和漢朗詠集』巻上の「秋興」に「**秋はなほ夕まぐれこそたゞならね荻の上風萩の下露**」、秋の哀れは夕暮れどきこそ格別で、ことに荻の葉を鳴らして吹く風と萩の下葉に置く露にはえもいわれぬ風情がある、と。

萩の戸　はぎのと

庭の木戸のあたりに萩の花が散りこぼれている風情をいう。秋の季語。

萩原　はぎはら・はぎわら

萩が生い茂った秋の野原。『万葉集』巻二十に「**ますらをの呼び立てしかばさを鹿の胸分け行かむ秋野萩原**」、狩りの男たちが追い立てたので牡鹿たちは胸で秋の野の萩原をかき分けて走って行っただろう、と。秋の季語。

白山一花　はくさんいちげ

本州の中部以北の高山の草原や砂礫地に生え七、八月ごろ、白い五、六枚の花弁状の萼片を開き、その中心に黄色の雄しべ・雌しべを多数つけるキンポウゲ科の多年草。石川県白山にちなんで名づけられた高山植物。花・葉とも〈一輪草〉に似ている。夏の季語。

はくさんいちげにとどきては消ゆ雲の影　高田貴霜

白山小桜　はくさんこざくら

高山の湿地やお花畑に生え夏、〈桜草〉に似た五弁の、しかし深い切れ込みがあるので十弁に見える淡い赤紫の花をつけるサクラソウ科の多年草。石川県白山で発見されたところから名づけられた。

白梅　はくばい

白い花が咲く梅。「しらうめ」。春の季語。

しら梅に明る夜ばかりとなりにけり　蕪村

白梅の青きまで咲きみちにけり　小坂順子

白木蓮　はくもくれん

三、四月ごろ九弁（うち三片は萼）の白い大きな花が咲く〈木蓮〉。紅紫色で六弁の豪華な「紫木蓮」と違い、〈辛夷〉の花に似て清楚な印象を与える。「はくれん」ともいう。幸田露伴は「木蓮」の花は散りぎわに難があるのと、何となく「漢めきたる（中国臭のする）」ところを嫌う人もいるが、逆に大寺の庭などに咲いている場合には、その「漢めきたる」ところが珍重されると言っている（「花のいろいろ」）。花言葉は「自然への愛」。春の季語。

白木蓮の散るべく風にさからへる　中村汀女

葉桜　はざくら

花が終わり人が去ったあとの、みずみずしい若葉に包まれた桜の木。夏の季語。

葉桜の香に素湯を飲むけしきかな　白雄

芭蕉の花　ばしょうのはな

芭蕉は、長さ二メートルにもおよぶ長楕円形の破れやすい葉をもつバショウ科の大形多年草。夏から秋に花茎を垂らし黄白色の苞をもつ花穂をつける。俳聖松尾芭蕉はこの植物を愛して庵の庭に植え、それまで桃青と名乗っていた俳号を芭蕉に改めたという。「**芭蕉野分して盥に雨を聞く夜かな**　芭蕉」。「芭蕉」は秋の季語で、「芭蕉の花」「花芭蕉」は夏の季語。

花芭蕉日をふりこぼし揺れやまず　糟谷青梢

蓮　はす

夏の明け方、池の水面へ伸ばした茎の先に大きな淡紅色ないし白色の清麗な花を開くハス科の多年草。花は早朝に開花し、午前中にはつぼむ。花が枯れると花の付いていた花托は、多数の穴のあいた蜂の巣状になるところから、古来「はちす」といった。インド原産で仏教との関係が深く、仏像は「蓮」の花の台に立ち坐す。

藤原定家『拾遺愚草員外』に「**蓮（はちす）咲くあたりの風もかをりあひて心の水を澄ます池かな**」、蓮の花が咲いているあたりでは風にも花の香がまじりあって、心の内を清らかに澄ませる蓮池だなぁ、と。池の底の泥の中を這う地下茎が「蓮根」で食用になる。泥中にあって神々しく咲くところから、花言葉は「清らかな心」、また「疎遠になった愛」。夏の季語。

大紅蓮大白蓮（だいぐれんだいびゃくれん）の夜明かな　高浜虚子

蓮は泥より出でて泥に染まらず

はすはどろよりいでてどろにそまらず

⇩巻末「花のことわざ・慣用句」

淡竹の花

はちくのはな

淡竹は、中国原産で日本各地の里山や屋敷林に植栽されている高さ一〇メートル以上、稈（かん）の直径一〇センチ前後のイネ科の大形の竹。「呉竹（くれたけ）」ともいい、筍（たけのこ）を食用にするほか材を工芸品・茶道具などに用いる。一二〇年に一度花が咲くと言い伝えられるが、二〇一七年六月四日付「読売新聞」に、静岡県南伊豆町の農家で緑色だった竹林が茶色に変色しているのを見つけて調べたところ、枝の先に稲穂のようなふくらみが生じその先から雄しべが伸びていて、「淡竹の花」だと確認したと報じた。今後竹が枯れることが予想され、そうなると急な傾斜地では土砂崩れの起きる可能性が心配されている、と。

初尾花

はつおばな

秋になって初めて穂の出たすすき。「初花（はつはな）すすき」ともいう。『万葉集』巻十五に「**秋萩の散らへる野辺の　初尾花　仮廬（かりほ）に葺（ふ）きて　雲離れ　遠き国辺の**」、あなたは今ごろ秋萩の散る野辺で、仮庵の屋根に穂が出はじめた花すすきを葺き、雲路遥かな僻遠の地で旅寝しているのだろうか、と案じている。

初桜

はつざくら

その年初めて咲いた桜。〈初花（はつはな）〉ともいう。春の季語。

谿深く下り来し雲や初桜　上条筑子

初花　はつはな

季節の最初に咲いた花。『万葉集』巻十に「**何すとか君を厭はむ秋萩のその初花の嬉しきものを**」、どうしてあなたを避けたりするでしょう、秋萩が初めて咲いたのを見たときのように嬉しいのに、と。いっぽうで、「初潮」のことをいい、また一六〜一七歳の初々しい少女のことをいうことがある。その年最初に咲いた〈初桜〉を指す場合は、春の季語。

初花も落葉松の芽もきのふけふ　富安風生

初花染　はつはなぞめ

その年初めて咲いた〈紅花〉で染めること。とくに濃い紅色に染まるという。『古今集』巻十四に「**紅のはつ花ぞめの色ふかく思ひしこころわれわすれめや**」、紅花の初花で染めたように深くあなたを慕っている心を私が忘れたりするものですか、と。

花葵　はなあおい

⇩〈葵〉

花明り　はなあかり

「雪明り」と同じように、咲き照る桜の花枝の白さで暗がりがほの明るく感じられること。桜ばかりでなく〈白木蓮〉や〈杏の花〉なども、白い花が暗闇に映発してほのかに香る。各地で花のライトアップが盛んだが、「花明り」に気づかなくなった時世の無粋のしわざといえなくもない。春の季語。

花明りして佛頭の鉄の冷え　吉野義子

花嵐　はなあらし

桜の花を吹き散らす春の強風。

花合　はなあわせ

平安時代の宮廷で貴族たちが二組に分かれ、持ち寄った桜の枝の美しさを競い、さらに和歌を詠み合って優劣を競った遊び。〈花軍〉「花比べ」ともいう。春の季語。

花行脚　はなあんぎゃ

桜の花をたずねて諸方をめぐること。春の季語。

京の塚近江の塚や花行脚　角川照子

花筏　はないかだ

①散った桜の花びらが川や池の水面に集まって浮かびただよっているのを、筏に見立てた語。室町時代の小歌を集めた『閑吟集』に「**吉野川の花筏　浮かれて漕がれ候よの　浮かれて漕がれ候よの**」、私の恋は、吉野川の花筏。浮かべて漕がれ、心浮かれて焦がれているんだもの、と。春の季語。

花筏乱して鯉の現れる　佐藤次郎

②山地に自生し初夏、葉の中央に薄緑色の花がつくハナイカダ科の落葉低木。花はそのままやがて黒く丸い実となる。花や実が葉の中央に乗ったようにつく形を、筏に乗っていると見立てた。春の季語。

花軍　はないくさ

桜の花の枝を打ち合って競う遊び。「花相撲」ともいう。唐の玄宗皇帝と寵姫楊貴妃が侍女たちを二手に分け、花枝を打ち競わせた故事が伝わる。いっぽう二組の人が手に持った花枝とともに和歌を詠んでその優劣を競った〈花合〉のこともいう。謡曲に、白菊と〈女郎花〉の戦いを描いた「花軍」という作品があり、また『御伽草子』の「草木太平記」には、吉野の里の美しい〈八重桜〉に恋慕した老薄の片恋をきっかけに、草木が二手に分かれて争う「花軍」が軽妙な花尽くしの筆致で描かれている。春の季語。

花茨　はないばら

花の咲いた茨。茨は、棘のあるバラ科の野茨や野生の薔薇を総称していう言葉。夏の季語。⇩〈茨の花〉〈**野ばらの花**〉

花いばらどこの巷も夕茜　石橋秀野

花空木　はなうつぎ
⇩〈卯の花〉

花会式　はなえしき
①旧暦の二月初めに薬師如来に造花の梅・桃・桜・椿などを供えて、国家鎮護・病気平癒・無病息災などを祈願する法会(ほうえ)。「修二会(しゅにえ)」。薬師寺の花会式は三月三〇日〜四月五日（旧暦の二月一日〜七日）に行われる。
②四月一一日・一二日、桜が満開の吉野金峯山(きんぷせん)寺(じ)で行われる大名行列・稚児(ちご)行列の「花供会(はなくえ)式(しき)」。鬼踊りと餅配りをともない、追儺(ついな)の意味もこめられている。①②ともに春の季語。
花会式造花にいのちありて褪(あ)せ　橋本多佳子
内陣の鬼の酔ひぶり花会式　植原抱芽

花笑み　はなえみ
花の蕾(つぼみ)が笑ったようにほどけ開くところから、花が咲くことをいう。「花の笑まい」ともいう。『万葉集』巻七に「**道の辺の草深百合(くさふかゆり)の花笑みに笑みしがからに妻と言ふべしや**」、道ばたの草の繁みの中の百合が花開くようににっこりしたからといって、もう妻だなどと言ってもいいのでしょうか、と。また平安時代後期の歌集『永久百首』に「**春くれど野辺の霞(かすみ)につつまれて花の笑まひのくちびるも見ず**」、春は来たけれど野には霞が立ちこめていて蕾が開いても花びらは見えない、と。

花朧　はなおぼろ
満開の桜で、朧雲がかかったようにあたりがぼうっと霞(かす)んで見える春の情景。春の季語。

花がある　はながある
俳優、演奏家などに観客の心をつかむ天性の、あるいは修練で身につけた格別の魅力がそなわっていること。世阿弥『風姿花伝』に「**花は、見る人の心に珍しきが花なり**」、花とは、見る人の心の中にめったにない賛美の気持ちを湧きあがらせることだ、と。また「**花と、面白きと、珍しきと、これ三つは、同じ心なり**」と。

花篝　はなかがり

夜桜を照らすために焚く篝火。夜桜見物にいっそうの趣きが加わり、京都祇園のものはとくに有名。「花雪洞」も同様。春の季語。

花篝月の出遅くなりにけり　西島麦南

花影　はなかげ

日の光や月光を浴びて地面や壁・障子などに映る花枝の影。桜の下の陰。大村主計作詞の童謡「花かげ」の第二連に「**十五夜お月さま　見てたでしょう／桜ふぶきの　花かげに／花嫁すがたの　ねえさまと／お別れおしんで　泣きました**」。春の季語。

雀来て障子にうごく花の影　夏目漱石

花笠　はながさ

生花や造花をつけた笠。また、笠のように頭上を被う花枝。『古今集』巻二十に「**青柳を片糸によりてうぐひすの縫ふてふ笠はむめの花笠**」、青柳の枝を片糸にしてより合わせた糸で鶯が縫うという笠は梅の花笠です、と。祭の花笠踊りのための、神霊が宿るとされる笠。

花が咲く　はながさく

①努力・精進が報われて成功を収める。「苦節の人生に花が咲く」。②物事が勢いづいて盛んになる。佳境にさしかかる。「思い出話に花が咲く」。

花霞　はながすみ

万朶と咲いている桜を遠望して、霞のようにぼうっと煙って見える光景。

花風　はなかぜ

花を吹く風。桜の花枝を揺らすそよ風。また咲きほこる桜を散らすやや強い風。『枕草子』(能因本)百八十五に「**風は嵐。木枯。三月ばかりの夕暮に、ゆるく吹きたる花風、いとあはれなり**」とある。通行本(三巻本)百九十七では、同じ個所が「雨風」となっているが、「花風」のほうが優婉に感じられる。

花かんざし　はなかんざし

①髪に花の枝・造花などを飾ってかんざしとし

たもの。②蕾（つぼみ）がかんざしに似ていて冬から初夏、花茎（かけい）の先に白ないし淡紅色の〈頭花（とうか）〉をつけるキク科の多年草。オーストラリア原産で、日本の夏の高温多湿を嫌い越年しにくいので一年草と誤解される。「冬の妖精」の異名をもち、寒さにめげずに咲きつづけ、ドライフラワーになってからも色あせないところから、花言葉は「明るい性格」。

振返る足元にあり花かんざし　須崎孝子

花樺　はなかんば

日当たりのよい山地に自生し春、葉の出るのとほぼ同時に黄褐色の動物の尻尾（しっぽ）のような〈花序〉を垂下する〈白樺の花〉のこと。春の季語。

時間かけて伊那は晴れゆく花樺　林辺千尋

花屑　はなくず

散って、風に吹き溜まりへと吹き寄せられた花びら。「花の塵（ちり）」ともいう。春の季語。

花屑の流れを風の押し戻す　赤井言鳥

花曇り　はなぐもり

桜が咲く三月末から四月の初めごろの日本列島によくある曇り空。低気圧が中国の上海近辺に顔を出し、高気圧の中心が三陸沖に抜けると、列島は薄曇りの空模様となる。空一面に流れる白い絹雲（けんうん）がまたたくまにベールのような絹層雲に変わる。すると太陽や月に暈（かさ）がかかり、もっと雲がたれ下がってきて高層雲になると、太陽は磨りガラスを通したようにボーッとかすむ。それが「花曇り」。夜には朧月夜（おぼろづきよ）となり、「霞か雲か」と見まがうばかりの満開の桜に最もふさわしい情景をかもし出す。「養花天（ようかてん）」ともいう。春の季語。

思ひ切り衿（えり）ぬいて出る花曇　倉田夕子

花供養　はなくよう

京都の鞍馬寺（くらまでら）で四月中旬の一五日間、仏前に花を供えて行う懺法（せんぼう）（懺悔（ざんげ）の修行）の儀式。稚児（ちご）行列・舞・狂言などが行われ、参詣者は配られた造花をかざして帰る。春の季語。四月八日の

〈花祭〉（灌仏会（かんぶつえ））をいうこともある。

花供養きざはし天に昇るかな　土田春秋

花細し　はなぐわし

「花が美しい」という意味の古語で、桜・葦（あし）などにかかる枕詞。『万葉集』巻十一に「**花細し葦垣（あしがき）越しにただ一目相見し児ゆゑ千度（ちたび）嘆きつ**」、美しい葦の垣根越しに一目見たあの少女の面影ゆえに幾度となくため息をついている、と。允恭天皇（いんぎょうてんのう）が衣通姫（そとおりひめ）（皇后の妹）との後朝（きぬぎぬ）に詠んだ「**花ぐはし　桜の愛（め）で　同愛（ことめ）でば　早くは愛（め）でず我が愛（め）づる子ら**」（『古事記』）は、桜の花を詠んだわが国で最も早い歌とされる。

花心　はなごころ

①花のもっている咲こうとする心。謡曲「西王母」に「**妙なる法（のり）の三つの心、うるほふ時や至りけむ、三千年（みちとせ）に咲く花心の、をりしる春のかざしとかや**」、仏法の霊妙な三つの精神が世に沁み渡るときがきたのだろう。三〇〇〇年に一度咲く花の心を知って春の挿頭（かざし）にしているとかいうことだ、と。

②人の心に宿る華やかな思い。陽気な気分。転じて風雅を愛する心。

③咲いたと思ったらすぐ散ってしまう花のように移りやすい心。浮気心。『源氏物語』宿木（やどりぎ）に「**花心におはする宮なれば、あはれとは、おぼすとも、今めかしきかたに、かならず、御心移ろひなんかし**」、匂宮（におうのみや）は移り気な人だから、懐妊した中の君を心にとめてはいても、新しい六の宮の方に気持ちは必ず移ってしまうだろう、と薫は中の君に同情している。

花言葉　はなことば

花の姿や伝説から思いついて、人びとがその花に託した象徴的な意味。花の色や形・香り、あるいはその花にまつわる神話・伝説・故事・詩歌などをふまえて伝承されてきた。男女の恋愛にまつわる事柄が多く、赤い薔薇（ばら）は「愛」、白い百合は「純潔」などと、花に思いを託して相手に捧げる風習は中世の騎士がはじめたともいわれる。花言葉には一定の共通する意味があるわけではなく、国ごと文化ごとに異なるので、解説書ごとにかなり恣意的である。本書では、参照した数種の図書の最大公約数的な言葉を採用した。

花暦 はなごよみ

花の名を季節にしたがって配列し、その名所などを案内した暦。

花衣 はなごろも

桜の花びらなどを散らした花模様の着物。また花見に着て行く華やかな衣裳をいう。〈花の衣(ころも)〉「花見衣」「花の袖」などともいう。春の季語。

花衣ぬぐやまつはる紐いろ〳〵 杉田久女

花咲爺 はなさかじじい

子ども向けの昔話の一つで、正直者のおじいさんが拾って育てた犬の手引きで宝物を掘り当てたり、枯れ木に花を咲かせて殿さまから褒美をもらったりする物語。一方の欲ばりじいさんは罰が当たって苦境に陥る。正直に無欲に生きることの大切さを諭(さと)す訓話となっている。

花盛り はなざかり

花がもっとも勢いよく、美しく咲きほこっているとき。春の季語。

一昨日(おとつい)はあの山越えつ花盛り 去来

花正月 はなしょうがつ

旧暦一月一四、一五日の「小正月」のことをいった。

花菖蒲 はなしょうぶ

湿地や水辺に栽培され六月ごろ、紫・白・淡紅などの大形の艶麗(えんれい)な花が咲くアヤメ科の多年草。菖蒲湯(しょうぶゆ)に入れる〈菖蒲〉はショウブ科で別種。同じアヤメ科の〈かきつばた〉や〈あやめ〉とよく似ているが、「花菖蒲」は葉に縦に一本筋が通っているので区別しやすい。真っ直ぐに伸びた花茎(かけい)と優雅な花姿から、花言葉は「あなたを信じます」。夏の季語。

少しづつ紫ちがひ花菖蒲 下田実花

花蘇枋　はなずおう

四月ごろ赤紫の蝶の形をした花が直接枝や幹にびっしりと咲くマメ科の落葉低木。江戸時代に中国から渡来し観賞用に栽培された。「すおう」の名は花の色が「蘇芳色」をしているからで、染料を採るマメ科の「蘇芳」とは別の植物。「蘇枋の花」ともいい、漢字で「紫荊」とも書く。春の季語。

虫飛んで遠くはゆかず紫荊　下田実花

花過ぎ　はなすぎ

花の盛りが過ぎた時候。春の季語。

雪洞のひやびやと花過ぎし土手　富田木歩

花すすき

漢字で書くと「花薄」または「花芒」。秋に茎の先に長さ二〇センチほどの黄褐色の花穂を伸ばしたすすき。秋の季語。

花薄風のもつれは風が解く　福田蓼汀

花園　はなぞの

草木の花が咲いている庭園。当然「春の季語」とする考えもあるだろうが、〈花野〉などとの連想から秋の季語とされた。天台座主だった慈円の『拾玉集』に「**昔住みし人の涙や露ならむ世を宇治山の秋の花園**」、昔ここに住んでいた人の涙が露となって花に置いているのだろう、その名も心憂き宇治山の花園、と。俳句ではとくに秋の草花が咲いている花壇・花圃・花畑をいう。ただし高山植物が群生する〈お花畑〉は夏の季語。

花園や今は昔の物語　其葉

花染め　はなぞめ

露草や桜の花の汁で布を染めること。藍色・桜色・薄桃色などに染めるが、すぐ色落ちするところから心変わりすることのたとえとする。『古今集』巻十五に「**世の中の人の心は花ぞめのうつろひやすき色にぞありける**」。花染めした衣服は「花染衣」。

花大根　はなだいこん

春から初夏にかけて、大根の花に似た十字形の青紫色の花を咲かせるアブラナ科の一年草。土手の斜面や木洩れ日の草地などに群生し、こぼれ種で毎年咲く。〈諸葛菜〉「紫花菜」ともいう。春の季語。

長雨や紫さめし花大根　楠目橙黄子

花田植　はなたうえ

中国地方の山間部などで行われてきた田植行事。特別の広い田で、笛・太鼓を囃し、鞍を造花で飾った牛が代掻きをしたあと、早乙女が田植歌を唄いながら田植えをする。「大田植」「囃子田」ともいう。夏の季語。

花橘　はなたちばな

橘は、海沿いの日当たりのよい斜面などに生え五、六月ごろ、芳香のある白い五弁の花をつけるミカン科の常緑低木。『古今集』巻三に「**さつきまつ花たちばなの香をかげば昔の人の袖の香ぞする**」、五月になるのを待って咲いた橘の花の匂いをかぐと昔親しかった人の袖の香が思い出されてなつかしい、と。橘は、日本原産の柑橘類で小形の果実が冬に黄色に熟すが、酸味が強く食用には向かない。静岡県地方の「ちゃっきり節」に「**唄はちゃっきり節　男は次郎長花はたちばな　夏はたちばな　茶のかおり**」。「花橘」〈橘の花〉は、夏の季語。

駿河路や花橘も茶の匂ひ　芭蕉

花便り　はなだより

花が咲いたという知らせ。〈花信〉。春の季語。

花散らし　はなちらし

北九州地方で、ひな祭りの翌日の三月四日、海岸や砂浜に出て磯遊びを楽しんだり、草餅や重ね弁当を食べたりする。「磯祭」「磯遊び」などともいう。なお、現在では、「花起こし」の「春一番」につづいて吹く「春三番」の強風のことを「花散らし」ということがある。春の季語。

花散る里　はなちるさと

①花が散っている村里。『万葉集』巻八に「**橘の花散る里のほととぎす片恋しつつ鳴く日しそ**

多き」、橘の花が散っている村里のほととぎすは片思いに胸をこがしながら鳴く日が多い、と。

②『源氏物語』第十一帖の巻名で、「花散里」は光源氏の妻の一人の名。父の桐壺院の妃の一人麗景殿女御の妹、三の君の愛称。五月雨のころのある日源氏は橘の花が香る麗景殿女御の住まいを訪ねる。ほととぎすの鳴く声を聞きながら昔語りをするうちに、右の『万葉集』の歌をふまえて「**橘の香をなつかしみほととぎす花散る里をたづねてぞとふ**」と詠み、そのあと「花散里」を訪問する。この源氏の歌に因んだ巻名。

花疲れ　はなづかれ

花見に歩き回ったあとの疲れ。単なる歩き疲ればかりでなく、美しいものを見た気疲れ、ものうく気だるいような疲れである、と俳人の平井照敏は言っている（『新歳時記（春）』）。春の季語。

雨だれの誘ふまどろみ花疲れ　大竹きみ江

花盗人

「花盗人」は、花の枝を折って持ち去る人。鎌倉時代後期の説話集『古今著聞集』巻十九に承元四年（一二一〇）正月のこと、衣冠に身を包み狩衣を着た侍を従えた男が御所の庭に現れ、侍に渡殿の前の八重桜の枝を折り取らせると衣にくるんで持ち去った、と。見ていた者は、花時でもないのに妙なことをすると怪しんだが、何となく優雅な振舞いに思えたのでその旨を天皇に言上した。調べてわかったのは、高名な歌人の藤原定家が、花を慈しむあまり家に持ち帰って接ぎ木にしようと折り取らせたのだった。それを知った天皇は女房に命じて歌を詠ませ定家に遣わした。「**なき名ぞと後に咎むな八重桜うつさん宿はかくれしもせじ**」、あとになって身に覚えがないなどと不服を言わないように。御所の八重桜を移し植えた家が

花月夜 はなづきよ
爛漫と咲く桜の花枝を月が白く照らしている夜。春の季語。
チチポポと鼓打たうよ花月夜 松本たかし

花づくりは土づくり はなづくりはつちづくり
⇩巻末「花のことわざ・慣用句」

花綵 はなづな
紐に花を結んだり草花・実・葉などを編みこんだりして花の綱のようにした飾り。「花綵」ともいい、陶器や建物を飾る模様にする。また「花綵列島」といえばアリューシャン列島・千島列島・琉球列島などのように、島々が連なって「花綵」のように見える列島のこと。

花時 はなどき
今を盛りと花が咲き香る時節。とくに桜の咲く候。春の季語。
花時も天上天下唯我咳く 野見山朱鳥

だれかは、花が咲けば隠しようもないことなのだから、と。おそれいった定家の返歌「くるとあくと君につかふる九重や八重咲く花の影をしぞおもふ」、日夜主上にお仕えしている九重の御所、そこに美しく咲いている八重桜の面影をいつもお慕いしております、と。
「はなぬすっと」ともいい、平たくいえば「花どろぼう」だが、一面で風流な仕業として大目に見られることもある。春の季語。

花時計 はなどけい
花壇を円く文字盤にし時計を内蔵させて大きな針を回転させ、時刻を表示するようにした仕掛け時計。

花に嵐 はなにあらし
都合よく運んでいたこと、好ましいと思ったことには、とかく邪魔が入るものだというたとえ。「花に風」ともいい、仮名草子『うすゆき物語』に「**世の中は月にむらくもはなに風おもふにわかれおもはぬにそふ**」、世の中は何ごとによらず思いどおりにはいかないもので、思っている人とは結ばれず、好きでもない相手と一緒に暮らすようになるものだ、と。⇩巻末「花のことわざ・慣用句」の「**花発（ひら）いて風雨多し**」

花錦　はなにしき

美しい花をきらびやかな錦に見立てた形容。平安時代後期に崇徳天皇が貴族たちに命じて詠ませた『久安百首』に「**花錦ちらではよもの山桜ひとむらぬすめ春の山風**」、美しい錦のように山桜が散ることなく山一帯に咲き満ちているが、ひとかたまり盗み取って吹き散らしておくれ、春の山風よ、と。

花野　はなの

秋草の咲き乱れている野原。秋の花は春の花と比べて赤い色が少なく、どこかつつましやかなものが多い。が、それが野一面に咲き乱れている光景には、華やかな中に「あはれ」がある。『万葉集』巻十に「**秋萩の花野のすすき穂には出でず我（あ）が恋ひわたる隠（こも）り妻はも**」、秋萩の咲き散る花野のすすきのように穂には出さず、人目に立たないように恋いつづけている私の隠し妻よ、と。秋の季語。

大阿蘇の浮びいでたる花野かな　野村泊月

花の兄　はなのあに

早春、ほかの花に先がけて咲く〈梅〉を「花の兄」、最後に咲く〈菊〉を〈花の弟（おとと）〉と称する。為永春水『春色梅児誉美（しゅんしょくうめごよみ）』の序に「**春水四沢にみつるといふ時をゑがほや花の兄…梅の枝を月曜星の尊前（みまえ）に供へ、一陽来復の吉書（きっしょ）はじめ**」と、春の到来を機縁に七曜星に梅を供えて作品を書きはじめる気持ちを表明している。

花の雨　はなのあめ

桜の花を濡らして降る雨。一方、桜の花が散るようすを雨に見立てていうこともある。春の季語。

花の雨竹にけぶれば真青なり　水原秋櫻子

花の主　はなのあるじ
桜の木の持ち主、あるいは世話をしている番人。〈花守(はなもり)〉。春の季語。

花の色　はなのいろ
変わり行く花の色合い。『古今集』巻二に「**花の色はうつりにけりないたづらに我が身世にふるながめせしまに**」、花の色は空しく褪(あ)せてしまった、私が世間をあくせく眺めわたっている間に長雨に降られて、と。春の季語。

花の浮橋　はなのうきはし
落花(らっか)が池や湖の水面に散り敷いているのを浮橋に見立てた語。

花の台　はなのうてな
①仏像や極楽往生した人が坐す蓮華座。②花弁を下から支える〈萼(がく)〉のこと。

花の宴　はなのえん
桜を愛(め)でながら酒肴をたのしむ宴。九世紀初頭の嵯峨天皇の時代に桜花を愛でる「花の宴」がはじまったとされる。『日本後紀』弘仁三年（八一二）二月一二日の条に「**神泉苑に幸(みゆき)して、花樹を覧(みそなわ)す。文人に命じて、詩を賦せしめ、綿を賜ふ差有り。花宴の節此(ここ)に始まる**」とある。「花の宴」は次第に民間にも広まり、いわゆる〈花見〉として庶民の春の代表的な習俗となっていく。〈花の幕〉を張り〈花筵(はなむしろ)〉を敷き、あるいは〈花見船〉に乗って〈花見酒〉を飲み歌舞飲食する。いずれも春の季語。

花の王　はなのおう
数多(あまた)の花の中で最も豪奢(ごうしゃ)で美しいもの。〈花王(かおう)〉ともいい、人によって〈牡丹〉だといい〈桜〉だともいう。欧米人は〈薔薇(ばら)〉を「花の王」と称えることが多い。

花のお江戸　はなのおえど
徳川期の江戸八百八町の繁栄と文化的成熟をたたえていう語。

花の奥　はなのおく
花盛りの桜の木々が並び立つ奥の方。春の季語。

は行

未婚の身軽し花の山花の奥　寺田京子

花の弟　はなのおとと

〈花の兄〉である梅に対して、秋が深まり四季の最後に咲く菊を「花の弟」という。鎌倉時代初期の『御室五十首』に「**ももくさの花の弟となりぬればやへやへにのみ見ゆる白菊**」、あまたの草花の最後に花を咲かせる「花の弟」になったので花びらが幾重にも重なって見える白菊の花だ、と。秋の季語。

花の香　はなのか

桜花の馥郁(ふくいく)とした香り。春の季語。

花の香や嵯峨のともしび消ゆる時　蕪村

花の賀　はなのが

花の時節に行う還暦・古希などの賀寿の祝い。『伊勢物語』二十九に「**昔、春宮(とうぐう)の女御の御方(おおんかた)の花の賀に、召しあづけられたりけるに**」、昔、皇太子の母である女御のところで催された桜の花の下での長寿の賀の席に呼ばれて世話役をさせられたときに、と。

花の鏡　はなのかがみ

花を映している池の水面を鏡に見立てていう。『古今集』巻一に「**年をへて花の鏡となる水はちりかかるをやくもるといふらむ**」、長年花を映している池の水鏡は、花が散りかかるのを塵(ちり)がかかって曇るというのだろうか、と。春の季語。

花の陰　はなのかげ

咲いている桜の木の下陰。『古今集』序に「**大伴黒主は、そのさまいやし。いはば、薪負(たきぎお)へる山人の、花のかげに休めるがごとし**」、大伴黒主の和歌は姿がみすぼらしい。薪を背負った樵(きこり)が花の陰で休んでいるみたいだ、と。春の季語。

花の風　はなのかぜ

桜の花枝を揺らして吹き過ぎる春風。春の季語。

花の風山蜂(やまばち)高くわたるかな　飯田蛇笏

花の形見　はなのかたみ

散ってしまった花を偲ばせる遺品。『平家物語』灌頂巻（かんじょうのまき）の大原御幸（おおはらごこう）に「**遠山にかかる白雲は、散りにし花の形見なり**」、あの遠くの山にかかっている白雲は、散ってしまった桜の花の形見なのだ、と。

花の顔　はなのかんばせ

花が咲いたように、美しくあでやかな顔。「花顔（かがん）」ともいう。

花の雲　はなのくも

何本もの桜の梢が咲き重なって、遠くから見るとまるで白い雲のように見える景色。〈桜雲（おううん）〉ともいう。春の季語。

葛飾の郡（こおり）はなれし花の雲　杉風

花の君子　はなのくんし

池の底の汚泥の中からでも美しく咲く〈蓮〉の花のこと。中国・北宋の儒学者周敦頤（しゅうとんい）の「愛蓮の説」による。⇩〈隠逸花（いんいつか）〉

花の構造　はなのこうぞう

「花茎（かけい）」の先に咲くいわゆる「花」のことを植物学的に〈花冠（かかん）〉というが、花冠は〈花弁〉〈萼（がく）〉「花托（かたく）」〈花柄（かへい）〉などから成る。そのような各部分を含む花冠の全体構成のこと。

花の御所　はなのごしょ

足利幕府第三代将軍義満が永和四年（一三七八）、現在の京都市上京区室町通に面する一画に造営した邸の別称。多種類の桜の木をはじめ多彩な花木を植えたところから「花の御所」と呼ばれた。「室町殿」ともいう。

花の頃　はなのころ

桜の咲く時分。〈桜時〉。春の季語。

花のころ奈良ざらし売る家もあり　素堂

花の衣　はなのころも

目もあやな美しい春の着物。『古今集』巻十六に「**みな人は花の衣になりぬなりこけのたもとよかわきだにせよ**」、喪が明けたので人びとはみな華やかな衣裳に衣替えしたのだから、私の僧衣の袖よ、せめて涙が乾くほどにはなってくれ、と。いっぽう、花模様の衣裳のこともいう。花見などに着て行く晴れ着。「花の袖」「花の袂(たもと)」〈花衣(はなごろも)〉などともいう。春の季語。

花の宰相　はなのさいしょう

〈牡丹〉を〈花の王〉と呼ぶのに対して、牡丹に次ぐ〈芍薬(しゃくやく)〉のことをいう。

花の杯　はなのさかずき

花を愛(め)でながら重ねる酒杯。

花の盛り　はなのさかり

女性を花にたとえて、いちばん美しい年頃。

花の魁　はなのさきがけ

百花にさきがけて咲く梅の花のこと。

花の柵　はなのしがらみ

水に散った桜の花びらが溜まって、山川の流れにできた柵。

花の雫　はなのしずく

花に置いた露がしたたり落ちた水滴。『宇津保物語』梅花笠（春日詣）に「**おもしろき梅の花を折らせたまひて、沈(じん)の男(おのこ)作らせたまひて、花の雫に濡れたるに**」、趣のある梅の花を折り、沈の香木で男の人形を作って花の雫で濡れたもののようにして、次のような歌を書きつけてあて宮にさしあげた、と。

花の下紐　はなのしたひも

着物の帯紐も結ぼれた花のつぼみも、いずれはほどけるという古歌の婉曲的表現。『新古今集』巻一に「**臥(ふ)して思ひ起きてながむる春雨に花の下紐いかで解くらむ**」、寝ているときは胸に思い、起きては雨を見つめてあの人のことを思っている。春雨に濡れる花の結び目はどのようにしたらほどけるのだろうか、と。ただ「花の紐」ともいう。

花の下臥　はなのしたぶし

桜の花の下で寝ること。

花の風巻　はなのしまき

「風巻」は強風。花を吹き散らす強い風。強風に吹かれて散る花吹雪をいう。『夫木抄(ふぼくしょう)』巻四に「**海かけてひら山颪（やまおろし）行きかへり花のしまきの波たかくみゆ**」、海上を駆ける比良の山颪が行き帰りに花を吹き散らして琵琶湖が白く波立っている、と。

花の定座　はなのじょうざ

連歌や連句を巻くとき、一巻（ひとまき）の中で花の句を詠むよう定められている箇所。懐紙四枚の表裏を用いる「百韻」では、初折・二の折・三の折の裏の一三句目、最後の四枚目の名残の折の裏の七句目の計四ヵ所。懐紙二枚の「歌仙」では、初裏の一一句目、名残の裏の五句目の二ヵ所が「花の定座」となる。「花の座」ともいう。

花の姿　はなのすがた

①花が咲いているようす。『古今集』巻十九に「**秋霧のはれてくもればをみなへし花の姿ぞ見えかくれする**」、秋の霧が晴れたり立ちこめたりするのにつれて、女郎花（おみなえし）の花姿が見えたり隠れたりしている、と。②花のような美しい容姿。慈円の私家集『拾玉集』に「**七夕も幾代の秋のほどまでか花の姿もしぼまざるらむ**」、七夕の織姫のように美しい容姿も、幾千秋まで衰えないなどということはあるでしょうか、と。

花の便り　はなのたより

⇩〈花便り〉

花の塵　はなのちり

⇩〈花屑（はなくず）〉

花の露　はなのつゆ

花に置いた露。また、〈薔薇（ばら）〉の花から取った香水をいう。

花の寺　はなのてら

京都市西京区にある天台宗の古刹勝持寺（しょうじじ）の別名。この寺で出家した西行法師鍾愛（しょうあい）の〈西行桜〉が植えられていたところからその名が出た。現在でも多くの桜が植えられていて、春には人出でにぎわう。

花の塔　はなのとう

⇩〈花御堂（はなみどう）〉

花の頭　はなのとう
東海地方や関西圏の神社で豊作を祈る祭礼のとき、祭りの拠点となる頭屋（とうや）から花を神前に供える儀式。名古屋市熱田神宮、京都市松尾神社などの祭りが知られており「花の撓（とう）」とも書く。

花の常磐　はなのときわ
永遠（とわ）に変わらず美しく咲いている花。『後撰集』巻三に「**かくながら散らで世をやはつくしてむ花のときはもありとみるべく**」、きっとこのまま最後まで散らずに生を終えるのだろう、永遠に変わらぬ美しい花のような人というのもいると思えるのだ、と。

花の枢　はなのとぼそ
「枢」は扉（とびら）のこと。花にぐるりと取り巻かれている家。「花の扃（とざし）」ともいう。「扃」は閂（かんぬき）。

花の名残　はなのなごり
散り残っている桜。〈名残の花〉〈残花（ざんか）〉などともいう。

花の波　はなのなみ
池の水面などに浮かんでいる散り花を揺らす波。また、花がたくさん咲いて枝が風に揺れているようすを波に見立てていう。「花の浪」とも書く。春の季語。

花の錦　はなのにしき
爛漫（らんまん）と咲きほこる花を錦にたとえた語。また、逆に絢爛（けんらん）たる錦を花に見立てた語。春の季語。

花の春　はなのはる
花々が咲き乱れる春。新春のこともいう。新年の季語。

うぶすなにあまえて旅ぞ花の春　去来

花の日　はなのひ
プロテスタント教会で六月の第二日曜日に、子どもたちが花を持ち寄って教会を飾ったり、病院などを訪問して花を贈ったりする行事。「薔薇（ばら）の日曜日」ともいう。夏の季語。

病室へ花の日の花配らるる　古賀まり子

花の衾 はなのふすま

身を包むほどに散りしきる桜を、まるで花の夜具にくるまれたようだとたとえた。西行の『山家集』上に「**木のもとに旅寝をすれば吉野山花のふすまを着する春風**」、吉野山の桜の下で旅寝をしていると、花の夜具を着せてくれるようだ、春風が、と。

花の父母 はなのふぼ

⇩巻末「花のことわざ・慣用句」の「**雨は花の父母**」

花の幕 はなのまく

花見の宴席の周りに張る幕。春の季語。

おもむろにふくれかへしぬ花の幕 笹谷羊多楼

花の都 はなのみやこ

美しい花が咲き満ちている都。また、華やかに繁栄する都市を形容する語。

花の下 はなのもと

①梅や桜の咲く木の下。『後撰集』巻一に「**鶯の鳴きつる声にさそはれて花のもとにぞ我は来にける**」、鶯の鳴いた声に誘われて、私は梅の木の下にやってきました、と。西行法師は、放浪の生活の中にあってしばしば桜の花の下に宿り「**ねがはくは花のしたにて春死なむそのきさらぎの望月の頃**」と詠った(『山家集』上)。その願いどおり、文治六年(一一九〇)二月一六日(一説に建久九年〈一一九八〉二月一五日)、桜の咲く下で示寂した。後生を願った歌に「**ほとけには桜の花をたてまつれ我が後の世を人とぶらはば**」(同)。②室町時代から江戸時代にかけ、花の下で行われた連歌・俳諧の権威者に許された称号。「花の本」とも書く。

花の下の半日の客 はなのもとのはんじつのかく

⇩巻末「花のことわざ・慣用句」

花の宿 はなのやど

花々が咲き満ちている家や旅宿。『新古今集』巻一に「**思ふどちそことも知らず行き暮れぬ花の宿貸せ野辺の鶯**」、気心の知れた者同士で目的地も決めずにさまよっているうちに日が暮れてしまった。梅の花の下に一夜の宿を貸しておくれ野辺で鳴いている鶯よ、と。春の季語。

花の山　はなのやま

麓から頂きまで満開の桜に彩られた山。春の季語。

花の雪　はなのゆき

白く咲いている花を雪になぞらえた語。また、散っている花を雪に見立てた表現。『新古今集』巻二に「**山桜花の下風吹きにけり木の本ごとの雪のむら消え**」、山桜の下を春風が吹き抜けたのだな、どの木の根もとにも落花(らっか)が散り敷いて斑(むらぎ)消えの雪のようだ、と。春の季語。

花の横雲　はなのよこぐも

満開に咲きほこる桜を遠目に眺めて、たなびく横雲に見立てた形容。

花の装い　はなのよそおい

女性の花のように美しい身なり・容貌をいう。「花の粧(よそおい)」とも書く。春の季語。

花は折りたし　梢は高し　はなはおりたし　こずえはたかし

⇩巻末「花のことわざ・慣用句」

花は紅　はなはくれない

⇩巻末「花のことわざ・慣用句」

花は桜木　人は武士　はなはさくらぎ　ひとはぶし

⇩巻末「花のことわざ・慣用句」

花は根に帰る　はなはねにかえる

⇩巻末「花のことわざ・慣用句」

花冷え　はなびえ

桜の咲くころに見舞う寒さのぶり返し。春の季語。

花冷はかこちながらも憎からず　富安風生

花人　はなびと

花見に興じている人々。〈花見客〉「花見衆」「桜人」などともいう。春の季語。

花びら　はなびら

花を構成している一枚一枚の〈花弁〉。多くの花は四〜八枚ほどの「花びら」をもっている。
⇩〈花の構造〉
小学五年生の斉藤明日佳さんの詩「春」——「花がさいて　春がきた／さくらがピンクの花をさかせた／大きなランドセルをせおい／せなかをのばし／元気よく　歩いてきた／新一年生／風がふき／さくらの花びらが／まっている」（『子どもの詩　サイロ』より）。

花発いて風雨多し　はなひらいてふううおおし
⇩巻末「花のことわざ・慣用句」

花房　はなぶさ
藤のように房の形をして咲いている花。『枕草子』八十八に「めでたきもの」として「色あひふかく、花房ながく咲きたる藤の花の、松にかかりたる」とある。「英」とも書く。春の季語。
　藤の房吹かるるほどになりにけり　三橋鷹女

花吹雪　はなふぶき
風に吹かれて桜の花びらが吹雪のように散り飛ぶさま。謡曲「志賀」に「雪ならばいくたび袖を払はまし花の吹雪の志賀の山ごえ」、雪だったら幾度袖を払うことだろう、花びらが吹雪のように散りかかる志賀の山越え、と。春の季語。
　一二片散りてときには花吹雪　山口波津女

花埃　はなぼこり
風に吹き散らされる落花を塵か埃のように言いなした語。春の季語。

花祭　はなまつり
①お釈迦さまの誕生を祝う四月八日の灌仏会（仏生会）の日に、寺院などで行われる降誕祭。灌仏（「灌」は甘露をそそぐ）のために造られた小さな御堂を〈花御堂〉といい、真ん中に誕生釈迦仏を祭って頭から甘茶をそそぐ。春の季語。
　花祭稚児の口みな一文字　明石志園
②奥三河（愛知県北設楽）地方などで、一二月から一月にかけて行われる湯立神楽（霜月神楽）の別名。花笠をつけた少年による神降ろし

の花の舞で始まり、鬼を調伏(ちょうぶく)して釜の湯を四方に撒(ま)き、神送りをして終える。元々は新年を迎え五穀豊穣を祈る神事。冬の季語。

出番待つ鬼が酔ひをり花祭　山田洋々

花見　はなみ

春の訪れを喜び、桜の美しさを賞(め)でながら飲食をたのしむ習俗。もとは春の農事開始にともなう農耕儀礼と考えられている。また豊臣秀吉が慶長三年（一五九八）に数百人の参会者を集めて行った豪勢な「醍醐の花見」のように、貴族や武家の間で行われていた〈花の宴〉が民間に広まり、日本の春の代表的行楽となった。『古今集』巻一に「**我がやどの花みがてらに来る人はちりなむ後ぞこひしかるべき**」、わが家の桜を目当てに来る人は、花が散ったあとはもう姿を見せない会いたい人となるに違いない、と。〈桜狩〉「観桜(かんおう)」なども同じ。〈花見客〉〈花見酒〉〈花見船〉などみな春の季語。

何事ぞ花見る人の長刀　去来

年寄の一つ年とる花見して　平畑静塔

花見客　はなみきゃく

花見をしている人。「花見衆」〈花人(はなびと)〉ともいう。三歳の保育園児酒井健司くんのかわいい悩み、「**おばあちゃん／おはなみにいって／さくらのはなが／ごはんのうえに／おちてきたら／どうしたらいいの**」（『こどもの詩　1990～1994』より）。春の季語。

花見酒　はなみざけ

花見をしながら飲む酒。花見の宴に供される酒。春の季語。

花水木　はなみずき

街路樹や庭木として植えられ晩春、白または淡紅色の花びらに見える四枚の苞葉(ほうよう)を開くミズキ

雪月花・2

白楽天の「殷協律(いんきょうりつ)に寄す」に「**五歳の優游(ゆうゆう)して**

科の落葉小高木。明治時代の末に東京市長だった尾崎行雄がアメリカに〈染井吉野〉の苗木を贈呈したところ、お返しに「ドッグウッド」という木が贈られてきた。それに和名を「花水木」とつけて日比谷公園に植えたのが始まりだという。「アメリカ山法師」ともいう。「永続」という花言葉は、花期が長いところからだろう。春の季語。夏の季語の〈水木の花〉「花みづき」は別種。

昏るるとき白き極みよ花みづき　中村苑子

花見月　はなみづき

花見をする旧暦三月の異称。南北朝期の歌人二条良基撰の『蔵玉集』に「**うす曇空もひとつの花見月なべて心もあくがれぬらむ**」、薄曇りの空もひとつになって花を愛でる弥生の頃おい、心という心はみな桜の花にあこがれてさまよい出ているのだろう、と。春の季語。

花御堂　はなみどう

四月八日、お釈迦さまの誕生を祝う「仏生会」

同じく日を過ごし、一朝消散して浮雲に似たり／琴詩酒の伴は皆我を抛ち、雪月花の時最も君を憶ふ」、君とは五年間ゆったりと一緒に過ごしたが、あるとき浮雲のように別れた。弦楽や詩や酒を共にした友が皆去って行った今、雪月花のよき折にはとりわけ君のことを思い出す、と。平安時代には『白氏文集』がよく読まれ、「**雪月花の時最も君を憶ふ**」の詩句が愛誦されていた。ある雪の積もった夜、器に梅花を生け、月が明るく照らす下で村上天皇が、「これに歌よめ」と命じた。すると兵衛蔵人が歌はよまずにただ「**雪月花の時**」とだけ答えて、かえって御感にあずかった話が『枕草子』百八十二段に出ている。この話を引いた上で山本健吉は、蔵人の簡素な答えは背後に「**最も君を憶ふ**」つまり誰よりも君をおしたい申しておりますという心をこめた返事だったからだ、と解説している（『基本季語五〇〇選』）。

のとき、誕生釈迦仏に甘茶を注ぐため山門や本堂の傍に造られる小さな御堂のこと。古代インドの浄飯王の妃、摩耶夫人は出産のため生家に帰る途中、花々が咲き乱れるルンビニ園にさしかかる。美しい花の一つを摘もうとしたとき、俄かに産気づき右脇の下から釈迦が誕生した。すると天から歓喜の甘露が降り注いだという。この場面を再現するため、屋根を椿・桜・木蓮などで美しく葺いた「花御堂」を造り、中央に誕生釈迦仏を安置して甘茶を注ぎ祝う。つつじ・石楠花・空木などの花で「花の塔」を造り門口に立てる地方もある。春の季語。

花御堂花重なりて匂ひけり　及川貞

花見船　はなみぶね

岸辺の桜を川などの水上から観賞するための船。春の季語。

うたたねのひとり残るや花見船　田中幸兵衛

花筵　はなむしろ

花見の宴に敷く筵。花見の宴そのものをも指す。また落花が散って花の敷物のようになったものもいう。「花蓆」とも書き、〈花毛氈〉「花茣蓙」ともいう。春の季語。

焼烏賊の出前が届き花筵　横山左右石

花結び　はなむすび

紐や帯を結ぶとき、輪などを作って美しく結び、仕上がりが花のような形になる結び方。結婚祝いの包みを結ぶときはほどけないように結び切りとするが、出産・受賞などの祝いのときは何度あってもいいので、ほどけてもいい「花結び」にする。蝶のような形でもあるので「蝶結び」ともいう。

花芽　はなめ

春に花を咲かせる花木は、花が散った年の夏のうちに翌春の蕾となる「花芽」の準備をする。「花芽分化」という。このとき枝の剪定を間違えると、翌年花芽はつかず花は咲かない。「花芽」ともいう。

花毛氈　はなもうせん
花の模様を織り出した毛氈。毛氈は羊毛などの繊維をフェルト状に固め、野点の茶席などに用いる敷物。「花氈」ともいう。春の季語。

花も恥じらう　はなもはじらう
花が引け目を感じるほど麗しくたおやかな若い女性の形容。

花紅葉　はなもみじ
①花のように美しい紅葉。②自然美の代表である桜と紅葉のように華やかで愛らしいもの。近松門左衛門の浄瑠璃『鑓の権三重帷子』に、息子の嫁のおさゐの不義は濡れ衣とも知らず、不憫な孫を哀れんでおさゐをののしる舅の言葉「**『花紅葉の様な子供を、母めはようも見捨てた』と髪掻撫でて泣きければ**」と。

花も実もある　はなもみもある
⇩巻末「花のことわざ・慣用句」

花守　はなもり
花を守り世話をする人。謡曲「田村」に、東国からはるばる京へ訪ねてきて清水寺に参詣した旅僧がそこで会った童子に語りかける。「**見申せばうつくしき玉箒を持ち、木蔭を清め候ふは、若し花守にて御入り候ふか**」と。春の季語。

雲に入る飛花や花守白髪に　大野林火

花より団子　はなよりだんご
⇩巻末「花のことわざ・慣用句」

花輪　はなわ
祝意や逆に弔意を表すために生花または造花を輪の形に作って掲出する飾り物。

花笑う　はなわらう
花の蕾がほどけ開くこと。

花を折る　はなをおる
①花を折り取ってかざすように、身なりを飾り立てること。『栄花物語』つぼみ花に「**御乳母たち、我も我もと、花を折りて仕う奉る程もあらまほしげなり**」、乳母たちはみな、自分こそと身なりを飾って若宮にお仕えしたい様子であ

る、と。②美女を我がものとする。

花を咲かせる　はなをさかせる

①にぎやかに、盛んにする。「話に花を咲かせる」。②失意の時期を乗り越えて成功する。「ひと花咲かせる」。

花を添える　はなをそえる

めでたいことの上にさらに美しさを加える。「錦上に花を添える」という。中国・北宋の政治家王安石の詩「即事」に「**嘉招覆んと欲す盃中の淥、麗唱仍錦上に花を添ふ**」。「淥」は清い水、転じて美酒。よき宴で美酒の盃を重ね、麗しい歌声がさらに興趣を加えた、と。

花を吹く　はなをふく

重陽の菊の宴で菊酒を飲むとき、杯の中の菊の花びらに息を吹きかけるまじない。

花を持たせる　はなをもたせる

あえて相手に栄誉をゆずる。

花をやる　はなをやる

①華やかに装う。華美に振る舞う。江戸時代初期の俳人松永貞徳に「**紅葉にてまた花をやる桜かなし**」、春ばかりでなく秋には美しく紅葉して、もう一度花を咲かせる桜がいとおしい、と。②楽しい遊びをする。

母子草　ははこぐさ

野原や道ばたに生え四、五月ごろ、茎の先に淡い黄色の小花をたくさんつけるキク科の越年草。新芽をやわらかな綿毛でくるむ姿が母の慈愛を思わせその名がついた。〈春の七草〉の一つで「五行」「御形」「御形」ともいい、葉を摘んで正月の「七草粥」に入れた。同種の花に〈父子草〉がある。「母子草」は春の季語だが、「五行」「御形」は新年の季語。花言葉は、「無償の愛」。

母子草やさしき名なり蕾もち　山口青邨
一籠の薺にまじる御形かな　吉田冬葉

浜茄子　はまなす

海岸の砂地に生える北方系の薔薇で、夏に赤紫の花を開くバラ科の落葉低木。「浜梨」が訛った呼び名とされ、漢名「玫瑰」と書いて「はまなす」と読む。鋭い棘がびっしり生えて人を寄せつけないが、北海道の海辺で真っ青な海を背景に咲く大群落は息をのむほど美しい。名歌「知床旅情」に歌われる「浜茄子の岬」は、北海道・野付半島。秋に黄赤色の円い実が生り食べられる。夏の季語。

玫瑰や今も沖には未来あり　中村草田男

浜茄子（はまなす）

浜昼顔　はまひるがお

各地の海岸に自生し初夏、砂の上を這う茎についた丸いハート形の厚みのある葉の脇に〈昼顔〉に似た淡紅色の漏斗形の花を開くヒルガオ科の多年草。花は上向きに咲き、砂があまり移動しない砂丘の背面などに群落をつくる。ただ「昼顔」と略されることも多い。夏の季語。

昼顔に廃れて巨き鮭番屋　堀口星眠

浜防風　はまぼうふう

日本各地の海岸の砂地に自生し初夏、茎の先に密生した白い小花をつけるセリ科の多年草。葉柄が赤紫の若葉は香りがよく刺身のつまとして春先八百屋の店先に並ぶ。根茎に解熱・鎮痛作用があり、風邪を防ぐ医薬として中国より伝来し「防風」の名がついたとされる。花は夏に咲くが葉の印象が主で、春の季語。

膝まづく砂まばゆさや防風採り　丸島弓人

浜木綿の花　はまゆうのはな

浜木綿は、関東以西の暖地の海岸に生え七、八月ごろ、太い花柄の先に白く細長い花弁が反り返った花を傘状につけるヒガンバナ科の常緑多年草。『万葉集』巻四に「**み熊野の浦の浜木綿**

百重なす心は思へどただに逢はぬかも」、幾重にも垂れて咲く熊野浦の浜木綿のように心でいくら思いつづけていても直に会うことはできないのですね、と。花の咲く砂浜で海を見ていると旅心を誘われるゆえか、花言葉は「どこか遠くへ」。「浜木綿の花」は夏の季語。

浜木綿に流人の墓の小ささよ　篠原鳳作

早咲き　はやざき

季節に先がけて咲いていること。本来の花期より早く咲くこと。

薔薇　ばら

花は晩春から咲きはじめ、初夏を最盛期として秋まで咲きつづけるバラ科バラ属の常緑または落葉低木の総称。花の色は白・紅・黄・黒など多種多彩で、五弁の一重咲き、半八重咲き、八重咲きがある。野生種も多く園芸種や香料を採るための栽培種は一万種以上にもおよぶという。枝や葉柄には棘があり蔓生のものもある。北原白秋「薔薇二曲」の初連に「**薔薇ノ木ニ／薔薇ノ花サク。／ナニゴトノ不思議ナケレド。**」と。「薔薇」ともいう。正岡子規に「**くれなゐの二尺伸びたる薔薇の芽の針やはらかに春雨の降る**」。切り花として、また鉢や花壇に植えられ世界中で愛され、花言葉は「愛」「美人」「神の愛」「熱烈な恋」「キリストの受難」など数多くある。不吉とされる黄色い薔薇は、「嫉妬」。夏の季語。

薔薇崩る激しきことの起る前　橋本多佳子

薔薇に棘あり　ばらにとげあり

（「起る如」とも）

⇩巻末「花のことわざ・慣用句」

春の七草　はるのななくさ

正月七日の「七草がゆ」に入れる七種類の春の若菜。「**芹・薺・御形・繁縷・仏の座・菘・蘿蔔・これぞ七草**」。「御形」は〈母子草〉、「菘」は蕪、「蘿蔔」は大根。

馬鈴薯の花　ばれいしょのはな

馬鈴薯はいわゆる「じゃがいも」で、初夏に白または淡い紫色の花をつけるナス科の多年草。南米・アンデス高地の原産で、日本へは一六世紀に渡来した。その花について評論家の亀井勝一郎は「平凡と言えば、こんな平凡な花はあるまい。しかし、よく見ていると、実に清楚だ。ういういしい百姓の娘の、耳朶（みみたぶ）のような花だ」と賞し、さらに「この花の感じは、周囲の雰囲気にもよるだろう。…修道院の赤煉瓦の塀とか、セイロ（サイロか）のある牧場とか、高いポプラの並木を通して白い雲の流れてゆくその下に、この花をみたとき、はじめて感じが出てくるのかもしれない」と言っている（「馬鈴薯の花」）。「馬鈴薯の花」は夏の季語。

馬鈴薯の花の日数の旅了る　石田波郷

晩花　ばんか

時季はずれに遅く咲いている花。

万花　ばんか

数多くの花。多種多様な花。「万華」とも書く。

晩菊　ばんぎく

晩秋に咲く遅咲きの菊。〈残菊〉とまぎらわしいが、花期が過ぎたのに咲き残っている〈残菊〉と、遅く咲くように手入れされている「晩菊」では、たたずまいにもはっきりとした違いがあるので、句歌に採り上げるときは気づかいが必要という。秋の季語。

晩菊は地に伏し易し起しけり　安住敦

パンジー　pansy

春から初夏の花壇を紫・黄・青・白などの花でにぎわせるスミレ科の一、二年草。耐寒性のある改良品種は真冬の花壇を彩る。ヨーロッパ原産で、「pansy」の名はフランス語のpensée（思考）に由来し、咲いた花の姿が「物思う人」の顔に似ているからという。和名は〈三色菫（さんしょくすみれ）〉。花言葉は「物思い」「思い出」。春の季語。

パンジーの顔々何を喝采す　殿村菟絲子

万朶　ばんだ

たくさんの枝垂（しだ）れた花枝。「朶」は垂れ下がった木の枝の意。枝もたわわに咲き匂う満開の桜の形容に用いる。

柊の花 ひいらぎのはな

柊は、民家の生垣などに植えられ、鋸（のこぎり）の歯のようなギザギザのある固い葉の付け根に晩秋、数個ずつ集まった白い花を咲かせるモクセイ科の常緑小高木。古代には邪気・悪霊を払う呪力があると考えられ、『古事記』中・景行天皇に、天皇は倭建命（やまとたけるのみこと）に東方の荒ぶる神・まつろわぬ人どもを平定するよう命じ、「**ひひらぎの八尋矛（やひろほこ）を給ひき**」とある。〈木犀（もくせい）〉ほど強くないゆかしい香りがする。節分の晩に柊の枝を鰯（いわし）の頭とともに門口や軒に下げ、邪気を払うまじないとした。花言葉は「用心深さ」。「柊の花」「花柊」は冬の季語。

柊の花の香の濃き籬（まがき）あり　遠藤はつ

飛英 ひえい

「英」は花びら。散っている花びら。⇩〈**飛花**〉

射干 ひおうぎ

関東以西の山地に自生し真夏、朱橙色（しゅだいだいいろ）の地に深紅の斑点のある六弁の花を大きく開くアヤメ科の多年草。剣状の葉が扇を開いたように並ぶので「檜扇」とも書く。「射干」は漢名。夏の季語。

射干にオホーツクを来し風のあり　野上裕

飛花 ひか

風に散り舞う花びら。とくに桜の〈落花（らっか）〉が飛ぶようす。春の季語。

飛花落花不意にあふれる渓の水　小島花枝

緋寒桜 ひかんざくら

台湾・沖縄など冬でも暖かい地方で二月ごろ、葉が出る前の枝に濃い紅色の小さな鐘の形をした花を下向きにびっしりつける〈寒桜〉。「寒緋桜」ともいう。冬の季語。

彼岸桜 ひがんざくら

桜の中では最も早く、春の彼岸ごろに咲く桜。日本列島の中部以西に多く、葉が出るよりも先に薄紅色の美しい五弁花を開く。〈江戸彼岸桜〉は別種。「小彼岸」ともいう。春の季語。

尼寺や彼岸桜は散りやすき　夏目漱石

彼岸花　ひがんばな

秋に野の土手や田圃の畔道などで真っ赤な花を咲かせるヒガンバナ科の多年草。冬には線状の葉があるが春に枯れ、秋に茎だけになった四〇センチほどの花茎の先に蕊を横に張った真紅の花が咲く。ちょうど秋彼岸と重なるところから「彼岸花」の名がついた。別名〈曼珠沙華〉。墓地などにも多く咲き、どことなく不吉な気配があるからか「死人花」「地獄花」などの異名がある。一筋の茎に深紅の花を咲かせるところから、花言葉は「あなた一途に」。秋の季語。⇩〈曼珠沙華〉

むらがりていよ〳〵寂しひがんばな　日野草城

日照草　ひでりぐさ

夏の日射しにもよく耐えて色鮮やかに咲く〈松葉牡丹〉の異名。いっぽう、昼に淡紅色の花を開花する〈昼顔〉を「日照花」ということがある。

一重桜　ひとえざくら

花弁が重なっていない単弁の桜。

一目千本　ひとめせんぼん

一度に千本の桜を見渡すことができること。また、その場所。吉野の〈千本桜〉は、下の千本（口の千本）・中の千本・上の千本・奥の千本などといわれ、吉水神社など観桜に絶好の場所がある。

一夜草　ひとよぐさ

〈菫〉の別名。普通、夕方咲いて翌朝にはしぼんでしまう〈月見草〉や〈待宵草〉を「一夜花」というが、菫はそうではない。『万葉集』巻八に山部赤人の「**春の野にすみれ摘みにと来し我そ野をなつかしみ一夜寝にける**」があり、この歌にちなんで「一夜草」と呼ばれるようになったという。

一人静　ひとりしずか

雑木林に生えるセンリョウ科の多年草。春、葉の付け根から伸びた花茎に、白い小花を多数穂状につける。同種で花穂を二、三本出して咲くものに〈二人静〉がある。「吉野静」ともいい、源義経と吉野山で別れた静御前の哀話を連想させるしとやかながら健気さをただよわせる花。花言葉は「隠された美しさ」。春の季語。

いつの日のひとりしずかの栞ぐさ　木村蕪城

雛菊　ひなぎく

西ヨーロッパ原産のキク科の多年草。春から秋にかけ篦形の葉の間から一〇センチほどの茎を伸ばし、先端に白い頭状花を一つ咲かせる。花期が長いので「延命菊」「長命菊」の異名がある。英名は「デージー」で明治期に伝来。ポケットに入れて恋人に会い花が枯れなければ恋が実るとされ、花言葉は「無邪気」「希望」。春の季語。

小さき鉢に取りて雛菊鮮かに　篠原温亭

ひなげし

漢字で書けば「雛罌粟」で、「虞美人草」の異名をもつケシ科の一年草・越年草。五、六月ごろ直径五センチほどの赤・桃色・紅紫色などの四弁の花が咲く。南ヨーロッパあるいは西アジア原産で、花壇・鉢植えとして観賞用に栽培され、ポピーなど園芸品種が多い。ケシ科だが催眠作用などはもたず、花言葉は「慰め」「休息」。夏の季語。⇩コラム「虞美人草」（八二頁）

ひなげしの蜂来れば揺れ去ればゆれ　式部野蓼

向日葵　ひまわり

真夏に鮮やかな黄色の巨大な頭花が咲くキク科の一年草。高さは二メートルを越え、花の直径は三〇センチにもなる。葉は大きなハート形をしている。向日性が強いとされるが、結実すると自重でうなだれる。種子から採る油はサラダ油などに用いられる。前田夕暮の名吟に「日向葵は金の油を身にあびてゆらりと高し日のちひささよ」。「日輪草」「日車（ひぐるま）」ともいう。太陽の方を向くという通説から、花言葉は「あなただけを見つめます」「高慢」。夏の季語。

われ蜂となり向日葵の中にゐる　野見山朱鳥

氷室の桜　ひむろのさくら

夏が来ても雪が消えずに氷室を造るような深山に咲いている桜。また、奈良市春日野町の氷室神社の境内にある早咲きのみごとな〈枝垂桜（しだれざくら）〉をいう。

氷嚙めば匂ふ氷室の桜かな　闌更

姫小百合　ひめさゆり

山形・福島・新潟三県にまたがる飯豊（いいで）山地など一部地域に限って見られ、夏に花弁の先が六裂した漏斗（じょうご）状の薄桃色ないし白い花を咲かせる、ユリ科ユリ属の多年草。群生し風に揺れる光景が清純で美しい。「乙女百合」ともいい、環境省のレッドリストで準絶滅危惧種に指定されている。

姫女苑　ひめじょおん

野原や空地のどこにでも生え、初夏から秋、枝分かれした花柄（かへい）の先に中心が黄の白い頭花（とうか）をつけるキク科の越年草。北アメリカ原産の帰化植物で明治初年に渡来し、旺盛な繁殖力で日本中に野生化した。草むらのどこにでも咲く花姿そのままの花言葉は、「素朴で清楚」。夏の季語。

オフェリアの抱く姫女苑野外劇　伊藤いと子

姫百合　ひめゆり

初夏、直径五センチほどの濃赤色の六弁花を天に向けて開くユリ科の多年草。関西以西の山野に自生し、黄花もある。小柄なので夏草の中に埋もれてしまう。『万葉集』巻八に「**夏の野の繁みに咲ける姫百合の知らえぬ恋は苦しきものぞ**」、夏野の繁みに埋もれて咲く姫百合のように相手に気づいてもらえない恋は苦しいものです、と。夏の季語。

紐解く　ひもとく

結ぼれていた蕾（つぼみ）がほころび開くこと。『源氏物語』初音に「花の香さそふ夕風、のどやかにうち吹きたるに、御前の梅、やうやうひもときて」、花の香をさそって夕風がゆるやかに吹いてくると、光源氏の住む六条院の庭の梅も次第にほころんできて、と。

百日紅　ひゃくじつこう

真夏から初秋まで長く咲きつづける〈さるすべり〉の別名。⇩〈さるすべり〉

百日草　ひゃくにちそう

庭や花壇で初夏から秋まで、五〇センチほどの茎の先に菊かダリアに似た赤・黄色・橙色・薄紫などの多彩な〈頭花〉を咲かせるキク科の一年草。メキシコ原産で、花期が長いところからその名がついた。花言葉は「別れた友をしのぶ」。夏の季語。

病みて日々百日草の盛りかな　村山古郷

ヒヤシンス　hyacinth

観賞用に花壇・鉢植え・水栽培にされ三、四月ごろ、二〇センチほど伸ばした花軸に青・紫・黄・白などの多彩な花を総状につけるクサスギカズラ科の多年草。北原白秋に「ヒヤシンス薄紫に咲きにけりはじめて心顫ひそめし日」。漢字を当てて「風信子」と書き「ふうしんし」ともいう。ギリシア神話の太陽神アポロンと西風の神ゼピュロスの、美少年ヒュアキントスをめぐる恋のさや当てから、花言葉は「変わらぬ愛」「悲哀」。春の季語。

敷く雪の中に春置くヒヤシンス　水原秋櫻子

百花　ひゃっか

いろいろな種類のたくさんの花。

百花繚乱　ひゃっかりょうらん

⇩巻末「花のことわざ・慣用句」

氷花　ひょうか

草木についた水気が氷結して白い花のように見えるもの。

昼顔　ひるがお

各地の野原や路傍に生え夏の日中、〈朝顔〉に似た淡紅色の漏斗形の花を開くヒルガオ科の蔓生多年草。昼が過ぎるとしぼむ。同じヒルガオ科の〈夜顔〉は夕方開き翌朝しぼみ、咲き方の似ている〈夕顔〉はウリ科。昼顔の蔓がしっかり絡みつくところから、花言葉は「絆」。夏の季語。

枇杷の花　びわのはな

昼顔やレールさびたる旧線路　寺田寅彦

枇杷は、初冬に多くの白い小花をつけるバラ科の常緑高木。花は茶色の綿毛に包まれていて目立たないが、とてもよい匂いがする。花の中でもとくに目立たない花かもしれないが、ひとたび気づくとそのひっそりとした佇まいに心を惹

枇杷の花（びわのはな）

ビワの花咲く年の暮れ　倉嶋 厚

「わびしいほどの花」「寂しそうに咲く」「物しずか」「目立たない花」「美しいほどではないが目にとまる」――日曜の朝の散歩道でビワの花を見て、手元にある植物の本や俳句歳時記十数冊で、この花がどのように表現されているか調べてみたら、こんなふうになりました。夏に実を結ぶなら春に咲いても間に合うのに、冬から咲く「気の長い変わり者」とか、「小心者の集まり」と形容している著者もいました。花言葉は「温和」だそうです。

ビワの花がみずからの光で咲いていると詠んだ短歌もありました。そういえば、ヤツデの花が自分の光の中で咲いていると表現している俳句もあったと記憶しています。淡い光の中で咲く冬の地

かれ、花下を通るたびに見上げずにはいられない。翌年六月ごろ卵形の「枇杷の実」が熟する。「枇杷の花」は冬の季語。

枇杷咲きぬ面影知らぬ生母の忌　林翔

ブーケ　bouquet

フランス語で生花(せいか)や造花でつくった「花束」。結婚式のとき花嫁がもつウェディング・ブーケ。

ブーゲンビレア　Bougainvillea

南アメリカ原産で沖縄県地方などの暖地や温室で栽培され、三枚の鮮やかな赤紫色の苞葉(ほうよう)の中に白い小花をつけるオシロイバナ科の蔓生(まんせい)常緑低木。「ブーゲンビリア」ともいう。橙色(だいだいいろ)や黄色の苞葉もある。いかにも熱帯らしい花姿から、花言葉は「情熱」。夏の季語。

ブーゲンビリア南に散りし戦友(とも)もあり　小関博

風媒花　ふうばいか

松・銀杏(いちょう)・稲などのように花粉が風で飛散し雌しべの柱頭に達して受粉する植物。多くは花びらが派手に目立つような花ではなく、虫を引き

味な花には「健気(けなげ)さ」が感じられます。

「**いつしか木々もうらがれて／さびしきにはのさざん花や／北風寒きやぶかげに／びはの花咲く年の暮**」——これは明治四十三年文部省発行の『尋常小学読本』巻八にでている詩です。

小春日和に集まってくるミツバチがビワの花の受粉を助ける、と記されている本が一冊あった他は、多くの本は、昆虫のいない冬に咲くから、この花はメジロなどによって受粉する鳥媒花であると記しており、「**目白来てビワの古花ついばめり**」（倫子）の句が紹介されていました。そういえばメジロを「花吸い」と呼ぶ地方があります。

この花が華やかな黄橙色の実となるのは来年の梅雨に入るころです。そのころ、どんな暮らしをしているのでしょうか。物思うことの多い「ビワの花咲く年の暮れ」です。（『お天気博士の四季だより』〈講談社〉より再録）

寄せる蜜腺などもないものが多い。⇩〈水媒花〉〈虫媒花〉〈鳥媒花〉

風蘭　ふうらん

花姿が、風に乗って飛んで来て木や岩に止まったように見えるところからその名がついた野生蘭。関東から沖縄にかけての山野の樹木や岩に着生し、七月ごろよい匂いのする小さな白い花を三～五個つける。「距」という長い突起が特徴。徳川十一代将軍家斉が愛好したことから風蘭の栽培は「大名園芸」といわれ、現在も観賞用に栽培されている。夏の季語。

不完全花　ふかんぜんか

花冠・萼・雄しべ・雌しべがそろった〈完全花〉に対して、それらのどれかが欠けている花。たとえば〈胡瓜の花〉〈松の花〉のように雄花と雌花が別だったり、銀杏やキウイのように雌雄異株だったりする単性花の植物の花は「不完全花」ということになる。⇩〈完全花〉

不香の花　ふきょうのはな

⇩巻末「花のことわざ・慣用句」

福寿草　ふくじゅそう

春先、太短い花軸の先に黄色い多弁の花をつけるキンポウゲ科の多年草。花後にニンジンの葉に似た葉をのばす。江戸時代の百科事典『和漢三才図会』巻九十二の「元日草」の項に「福寿草」は「**洛東山渓の陰処に之有り、冬枯れ春宿根より生ず。…歳旦に初めて黄花を開く。半開の菊花に似たり。人もつて珍となし、盆に植ゑて元日草と称す**」とある。名前のめでたさと花の少ない旧暦正月（現在の二月）に温かみのある黄花を咲かせるところから、正月用の盆栽に植えられた。「報春花」「元日草」「正月花」などの異名がある。小学一年生のすがわらしょうこさんの詩「春」――「**やまのしたから／はるが　のぼってきたよ／ふくじゅそうを／さかせながら／がっこうの　がけまできたよ**」（『子どもの詩　サイロ』より）。福・寿の名から、花言葉は「幸せを招く」。新年の季語。

地に低く幸せありと福寿草　保坂伸秋

藤　ふじ

山野に自生しあるいは観賞用に庭園の水辺などに植栽され、春に蝶形をした薄紫色の多数の花が総状(そうじょう)に垂れ下がって咲くマメ科フジ属の蔓生(まんせい)落葉木本。『万葉集』巻十四に「**春へ咲く藤の末葉(うらば)のうら安にさ寝(ぬ)る夜そなき児(こ)ろをし思(も)へば**」、春に花咲く藤のこずえの葉のように揺れて安らかに眠れる夜なんてない、あの娘のことを思うと、と。また『枕草子』三十七には「**藤の花は、しなひながく、色こく咲きたる、いとめでたし**」、藤は花房が長く垂れ、濃い色に咲いているのがとくに好ましい、と。いっぽう幸田露伴は野生の「藤」について「此花(この)の喬(たか)き常盤樹(ときわぎ)の梢に這ひ上りて、おのが心のままに紫の浪織りかけて静けく咲き出でたるなど、特(こと)に花の色も身に染みてあはれ深きものにぞ覚ゆる」と賞している（「花のいろいろ」）。わずかな風にも優雅に揺れる姿から、花言葉は「やさしさ」。春の季語。

草臥(くたびれ)て宿かる比(ころ)や藤の花　芭蕉

藤棚　ふじだな

庭園などで、藤の蔓(つる)を這いのぼらせ花房が垂れ下がるようにした棚。春の季語。

藤棚や雨に紫末濃(すえこ)なる　泉鏡花

フジバカマ　**倉嶋　厚**

『万葉集』に詠まれた秋の七草はハギ、ススキ、クズ、ナデシコ、オミナエシ、フジバカマ、キキョウですが、フジバカマは少年時代の信州で見たことがありませんでした。この花を求めて東京で花屋さんを回ったことがありましたが、「フジバカマってどんな花ですか」と聞き返されてしまいました。後年、近所の花屋さんに鉢植えのフジバ

藤浪 ふじなみ

いくつもの藤の花房が春風に吹かれ、浪が寄せては返すように揺れる姿の形容。「藤波」とも書く。『万葉集』巻三に「**藤波の花は盛りになりにけり奈良の都を思ほすや君**」、波のように揺れる藤の花房が盛りとなりましたが、奈良の都のことを偲んでおいでですか、あなたは、と。春の季語。

藤浪の草に触れをるしづけさよ 轡田進

藤袴 ふじばかま

秋野に咲く〈秋の七草〉の一つで名前は誰でも知っているが、実際に野に咲いている姿を見た人は少ないキク科の多年草。夏から秋、茎軸が枝分かれした先に薄紫色の頭状花（とうじょうか）が多数簇（ほうき）のような形に咲くが、野生種は絶滅が危惧されている。古歌には「蘭（らに）」の花として詠われている。『古今集』巻四に「**やどりせし人のかたみか藤袴わすられがたき香ににほひつつ**」、私のもとに泊まって行ったあなたの形見でしょうか、藤袴が並びました。絶滅寸前だったこの野草が、どこかで栽培され始めたのです。

この花は枯れると茎や葉から芳香を発し、玄関でもそれと気づくほどでした。妻はそれをセロハン紙に包んで書斎の隅に置きました。昔はこの枯れ草を敷いて寝室に芳香を漂わせたといい、フジバカマの名は「不時に佩（は）かま欲し」に由来するという説もあります。そして、数年後に妻は六十九歳で他界、私は七十三歳でした。

ある時、新聞で上田市の信濃国分寺史跡公園の花壇にフジバカマが植えられているという記事を読み、思い出して妻が包んだ十余年前のドライフラワーを取り出してみたら、まだ香っていました。

フジバカマの花言葉は「ためらい」「あの日のことを思い出します」です。（『花の季節ノート』〈幻冬舎〉より再録）

袴が忘れがたい香りをただよわせて咲いています、と。枯れた茎や葉から芳香を放ち、花言葉は「あの日のことを思い出す」。また花が少しずつ咲くので「ためらい」。秋の季語。

幾世経し蔵の罅（ひび）かも藤袴　松井葵紅

不整斉花　ふせいせいか

〈金魚草〉のように花冠が上唇と下唇に分かれている「唇形花（しんけいか）」や、〈胡蝶蘭（こちょうらん）〉あるいはマメ科の「蝶形花（ちょうけいか）」のように、花冠の形や花弁の大きさが斉一に整っていない花をいう。

豚草　ぶたくさ

各地の野原や空地に繁茂し夏、蓬（よもぎ）に似た深い裂け目のある葉をつけた花軸の先に多数の緑色の小花を穂状につけるキク科の一年草。北アメリカ原産の帰化植物で、花粉は夏から秋の花粉症の原因となる。全体のイメージ・生える場所・花期が〈背高泡立草（せいたかあわだちそう）〉と似ているが、「豚草」は一メートルほどと背が低く葉の形もまったく違う。夏の季語。

戦（たたかい）に敗れ豚草のみおごる　上村占魚

二人静　ふたりしずか

雑木林などに生え五、六月ごろ、葉の付け根から白い小花が密生した花穂（かすい）を二、三本出すセンリョウ科の多年草。同種の〈一人静〉の花穂は一本。謡曲「二人静」で静御前の霊とその霊に取り憑かれた菜摘女（なつめ）とが二人で舞うさまを思わせるところからその名がついたという。春の季語。

そよぎつつ二人静の一つの穂　上井萩女

不断桜　ふだんざくら

三重県鈴鹿市の白子（しろこ）観音の境内にある、真夏以外一年中花が咲く〈里桜〉の一品種で、国の天然記念物になっている。春と秋の花は花柄（かへい）が長く冬でも落葉せず、いっぽう冬の花は花柄が短いという。

仏花　ぶっか

お墓や仏壇に供える花。〈彼岸花〉や〈みそはぎ〉などをいう。お盆のときに供える〈盆花（ぼんばな）〉

〈精霊花〉も「仏花」であろう。

仏桑花　ぶっそうげ

現在では〈ハイビスカス〉の名で知られるアオイ科の常緑低木。〈木槿〉〈葵〉などと同種で、晩夏に真紅の大形の花を咲かせる。白・黄・橙色もある。夏の季語。⇩〈ハイビスカス〉

仏桑花波のたかぶる珊瑚礁　立川洋子

冬菊　ふゆぎく

冬になっても健気に咲いている遅咲きの菊。別種の〈寒菊〉のことをいう場合もある。昔の和歌には「霜見草」などとして詠まれている。冬の季語。⇩〈寒菊〉

冬菊のまとふはおのがひかりのみ　水原秋櫻子

冬桜　ふゆざくら

冬の一一月から一月ごろに咲く桜。群馬県藤岡市の桜山公園の「冬桜」は天然記念物として知られ、七〇〇〇本が一二月ごろ花盛りとなる。〈寒桜〉も冬の桜だが、二月ごろ咲く開花の早い〈緋寒桜〉の略称である。いずれも冬の季語。

しづれ雪鯉をうちけり冬桜　橋本鶏二

冬菫　ふゆすみれ

立春前の寒中に咲いている〈菫〉。冬の山路の日溜りなどで見かけると、春間近の思いに胸がときめく。「寒菫」ともいう。冬の季語。

ひとり来て墓のうしろの冬菫　勝又一透

冬薔薇　ふゆそうび

〈薔薇〉は花期が長く、冬になっても咲いているものがある。〈冬薔薇〉「寒薔薇」ともいう。冬の季語。

冬薔薇墓碑に刻みし齢若く　京極杜藻

冬椿　ふゆつばき

まだ冬の寒いうちに開花する早咲きの〈椿〉。〈寒椿〉ともいう。冬の季語。⇩〈寒椿〉

山の雨やみ冬椿濃かりけり　柴田白葉女

冬の梅　ふゆのうめ

〈早梅〉〈寒梅〉〈冬至梅〉など冬のうちに咲く梅。冬の季語。

は行

日だまりの谷の寺なり冬の梅　大須賀乙字

冬の花　ふゆのはな

①〈山茶花(さざんか)〉〈シクラメン〉〈水仙〉〈福寿草〉〈梅〉など、寒い冬に咲く花々。②枝や葉に積もった雪を花に見立てた語。

冬薔薇　ふゆばら

秋を越え冬枯れの中で咲いている〈薔薇〉。園芸技術で咲かせたものではない。〈冬薔薇(ふゆそうび)〉ともいう。冬の季語。

冬薔薇や身を漂はす楽の中　岡田貞峰

冬牡丹　ふゆぼたん

⇩〈寒牡丹〉

芙蓉　ふよう

晩夏から秋にかけ、淡紅色ないし白の典雅な五弁の花を咲かせるアオイ科の落葉低木。「芙蓉の顔(かんばせ)」といえば、花の美しさと一日でしぼむ儚(はかな)さが相まって艶麗(えんれい)な美女のたとえ。「芙蓉」は多く一重だが、八重咲きで、朝は白、昼過ぎに淡紅色、夜にはすっかり酔いが回ったように紅色に三変化する園芸品種を〈酔芙蓉(すいふよう)〉という。秋の季語。

呪ふ人は好きな人なり紅芙蓉　長谷川かな女

プラタナス　Platanus

プラタナスは、よく公園樹や街路樹として植えられ春、葉の付け根に薄い黄緑色の花をつけるスズカケノキ科の落葉高木の総称。秋に葉が落ちたあと、長い柄のついた球状の茶褐色の実が垂れ下がるようすが鈴を懸けたように見えるので「鈴懸(すずかけ)」の和名がついた。日陰を作って人々を憩わせるところから、花言葉は「保護」。「プラタナスの花」は、春の季語。

プラタナスの花咲き河岸に書肆ならぶ　加倉井秋を

フリージア　Freesia

観賞用に切り花や鉢植えにされ五月ごろ、花軸(かじく)の先が伸びて曲がった花柄(かへい)に、黄色・紫・白などの小ぶりの漏斗(じょうご)形の花が咲くアヤメ科の多年草。南アフリカ原産で芳香があり、葉は〈あやめ〉に似て剣状。陰影のない明るい花色から、花言葉は「あどけなさ」「無邪気」。春の季語。

熱高く睡るフリージヤの香の中に　古賀まり子

プリムラ　Primula

⇩〈桜草〉

噴雪花　ふんせつか

春、しなった枝に雪が積もったように白い小花をいっぱいつける〈雪柳〉の漢名。

瓶花　へいか

水盤などの平たい花器に花を生ける〈盛花〉に対して、深い花瓶に花を挿す生け花の表現様式の一つ。〈投入れ〉も同様。

へくそかずら

漢字で書くと「屁糞葛」。なんとも聞き苦しい名前をつけられてかわいそうなアカネ科の蔓生多年草。だが茎・葉・実に悪臭があり、はびこるしぶとさに手を焼くところからの正式な植物名である。藪や草地に自生し夏から秋、花びらの外縁が白で中は赤紫の筒状・ラッパ形の花をつける。お灸の跡を連想させるので「灸花」ともいう。異臭からか、花言葉は「人嫌い」。夏の季語。

野の仏へくそかづらを着飾りて　石田あき子

へちまの花

漢字で書くと「糸瓜の花」。夏に黄色の五弁の花を開き、その後円筒形の大きな実になるウリ科の蔓生一年草。茎からとった「へちま水」は咳止めや痰をおさえる去痰薬、また化粧水になり、熟した実から「へちまたわし」を作る。「へちま」の名の由来については、「糸瓜」の「い」が脱落して「と瓜」と聞こえるのを、いろは歌で「と」は「へ」と「ち」の「間」にあるところからしゃれて「へちま」というようになったという説がある。正岡子規の遺句に、

糸瓜咲て痰のつまりし仏かな

命旦夕に迫る身でありながら、諧謔を忘れずに自分を客観視できたことは、驚嘆のほかない。

「へちまの花」は夏の季語。

ペチュニア　Petunia

花壇・鉢植えにされ五月から九月ごろまで、〈朝顔〉に似た漏斗状の赤紫・紫・白などの花が咲きつづけるナス科の一年草、または多年草。「衝羽根朝顔」の和名があり、やさしい花姿から、花言葉は「心が休まる」。夏の季語。

夕風やペチュニア駄々と咲きつづけ　八木林之助

紅花　べにばな

花も葉も形は〈薊〉に似ているキク科の一年草ないし越年草。夏に咲く花は黄色がかった橙色で紅色ではない。幸田露伴が庭に初めて「紅花」を植えたときのことを書いている。「其紅の色の濃からぬを訝しみつゝ朝な夕な疑ひの眼を張りて打まもりたるをかしさ、今に忘れず」。つまり、その名にもかかわらず花の色は必ずしも紅ではなく、梅の酸を加えてはじめて紅色になるということを知らなかったころの話だ、と（「花のいろいろ」）。紅や赤い染料を採る

ベゴニアとN先生

ベゴニア（Begonia）は観賞用として花壇や鉢植えで盛んに栽培されているシュウカイドウ科ベゴニア属の多年草または半低木の総称。本来は夏の花だが、園芸化されて夏から秋まで、桃色・赤・白・黄色などの花が咲きつづける。

寺田寅彦が胃潰瘍で入院したとき、見舞いにもらったベゴニアを病床で見ているうちに「N先生が病気重態という報知を受けて見舞いに行った時の事を思い出した」と書いている。「あの時に江戸川の大曲の花屋へ寄って求めたのがやはりベコニアであった。…重態の先生には面会は許されなかった。しかし持って行った花は夫人が病床へ運んでくれた。夫人はやがて病室から出て来て『きれいだなと言っていましたよ』と言った。考えてみるとこれが先生から間接にでも受けた最後の言

ため、先端に咲いた花から順に摘み取るところから〈末摘花（すえつむはな）〉の異名がある。花言葉は、用途から「化粧」。夏の季語。

たくましく生きし喜寿の手紅の花　松井喜久

弁慶草　べんけいそう

本州から九州の山地の草原に生える。九月ごろ、多肉質の葉をつけた茎の先に、淡紅色の小花が密集した花序をつける、ベンケイソウ科の多年草。引き抜いてもしおれず、切った葉や茎を土に挿すと根付く強い性質から武蔵坊弁慶にたとえた名前。秋の季語。

弁慶草立往生の齢（よわい）なり　秋山巳之流

ポインセチア　Poinsettia

クリスマス・フラワーとして人気のあるトウダイグサ科の常緑低木。秋まで鉢で育て、その後温室に入れると、緑の苞葉（ほうよう）が華やかな紅色の花びらのようになる。黄緑色の小さな花が咲くが目立たない。「猩々木（しょうじょうぼく）」ともいう。花言葉は「祝福」「聖夜」。冬の季語。

葉であった。今自分は先生の生命を奪い去った病と同じ病で入院している」と（「病室の花」）。「N先生」とは夏目漱石のことであろう。寺田寅彦は、やがて「ベコニア」の鉢とともに退院することができた。「ベコニア」ともいうが、正しくは「ベゴニア」。

ポインセチアただ一行の愛をこめ　正木千冬

芳信　ほうしん

花が咲いたという便りのこと。また、人の手紙を敬っていう言葉。

鳳仙花　ほうせんか

四月ごろ庭や花壇に種を播（ま）くと夏から秋、赤・白・ピンク・紫などの五弁の花を咲かせるツリフネソウ科の一年草。生（な）った実を指でつまもうとすると、突然虫が跳ねたように果皮がはじけて種を飛ばす。この性質から、花言葉は「私にふれないで」「短気」。秋の季語。

鳳仙花夕日に花の燃え落ちし　鈴木花蓑

宝鐸草　ほうちゃくそう

⇩〈狐の提灯(ちょうちん)〉

防風　ぼうふう

⇩〈浜防風〉

朴の花　ほおのはな

朴の木は山地の林に生え、高さ二〇メートルにもなるモクレン科の落葉高木。五月ごろ大形で芳香のある黄白色の花が咲く。枝の先に上向きに咲くので下からは見えにくいが、大輪の豪奢(ごうしゃ)ながら清楚な花である。日本特産。「朴の花」は、夏の季語。

山峡(やまかい)の聖(ひじり)のごとく朴咲けり　平沢桂二

木瓜の花　ぼけのはな

木瓜は早春、紅色・白・薄紅色の清楚な五弁の花を開くバラ科の落葉低木。褐色の幹から出る枝には棘(とげ)があり、民家の生垣や庭木として広く植栽されてきた。春に先駆けて咲くところから、花言葉は「先駆者」。「木瓜の花」「花木瓜」は春の季語。

順礼の子や煩(わずら)ひて木瓜の花　樗堂

蛍袋　ほたるぶくろ

六、七月ごろ美形の釣鐘(つりがね)形の花をつけるキキョウ科の多年草。花の色は白・赤紫・淡紫色などがあり、垂れ下がって咲く釣鐘の中に子どもたちが蛍を入れて遊んだところからその名がついたという説もある。「提灯花(ちょうちんばな)」〈釣鐘草〉ともいう。教会の鐘を思わせる花姿から、花言葉は「哀悼」「貞節」。夏の季語。

ほたるぶくろむらさきだちて霧に浮く　八木絵馬

牡丹　ぼたん

大輪の豪華な花を咲かせ〈花王〉と讃えられるボタン科の落葉小低木。『栄花物語』玉(たま)の台(うてな)に「**この御堂の御前の、池の方には勾欄(こうらん)高くして、そのもとに薔薇(そうびん)・牡丹(ぼうたん)・唐瞿麦(からなでしこ)・紅蓮花の花を植ゑさせ給へり**」、九体(くたい)阿弥陀堂の前の池の方に高欄をしつらえ、その下にいろいろな花を植えさせた、と。古くから観賞用に栽培され、四、五月ごろから咲く紅色・白・淡紅などの大形の花は直径二〇センチほどにもなる。中国原産で薬用として渡来。「ぼうたん」ともいう。「花王」の異名どおり「**牡丹散てうち重なりぬ二三片**　蕪村」「**白牡丹といふといへども紅ほのか**　高浜虚子」をはじめ「牡丹」の名句は多い。

昔からの知り人が牡丹の花を届けてくれた話を中里恒子が書いている。若いころは派手に暮らしていたがいまはわび住まいで、その荒れた庭に咲いた牡丹はおそらく一枝切るのも惜しい日常なのに、その人と牡丹とひとつの感じがして、たいへん嬉しかった。活けるとき「牡丹の花は、女の襟足をみせるように、花つきの萼の部分を、すっと枝からほどよく見せるのが上乗ときいている。――だから、そうした」と（「牡丹の客」）。「花王」の異名から、花言葉は「風格」「高貴」。夏の季語。

ぼうたんの百のゆるるは湯のやうに　森澄雄

牡丹桜　ぼたんざくら

〈八重桜〉の異称。また〈大島桜〉から作られた園芸品種の〈里桜〉の一種。

布袋草　ほていそう

池や水槽で栽培され、夏に薄紫の六弁の美花を咲かせるミズアオイ科の浮遊性多年生の水草。鮮やかな緑色の葉は厚みがあり、膨らんで浮き袋の役をする形が七福神の「布袋」の腹を連想させるところからその名がある。繁殖力が旺盛で、船の航行の障害となるほどはびこることもある。「布袋葵」ともいう。夏の季語。

布袋草美ししばし舟とめよ　富安風生

仏の座　ほとけのざ

①田の畔などに生え早春、地に張り付いたような葉の中央に立つ花茎の先に、黄色の六～九弁ほどの〈頭花〉をつけるキク科の越年草「田平子」の通称。円座のような葉の中央に茎が立って花が咲く姿を蓮華座に坐す仏像に見たてた名

前。〈春の七草〉の一つで新年の季語。

夜は海が近づくといふ仏の座　中尾寿美子

②道端や草原に生え三～六月ごろ、茎の周りに何段か向かい合って出る葉の中から花茎を伸ばし赤紫色の唇形の花をつけるシソ科の越年草。向かい合う葉の上に咲く花を、やはり蓮華座の上の仏像と見て名づけた。

ほととぎす

漢字で書くと「杜鵑草」。山の湿った傾斜地などに生え一〇月ごろ、長楕円形の葉の付け根に白地に紫の斑点がたくさんある花をつけるユリ科の多年草。斑点模様が鳥の杜鵑(ほととぎす)の腹の模様と似ているところから名づけられたが、漢字で書くときは鳥と区別するため「草」の字を加えて「杜鵑草」と書く。花期が長いので、花言葉は「永遠」。秋の季語。

紫の斑(ふ)の賑(にぎわ)しや杜鵑草　轡田進

盆梅　ぼんばい

盆栽仕立てにした梅。春の季語。

盆花　ぼんばな

お盆のとき先祖の御霊(みたま)を迎える精霊棚(しょうりょうだな)に供える花。旧暦の七月一一日ないし一三日に、〈桔梗(ききょう)〉〈撫子(なでしこ)〉〈女郎花(おみなえし)〉などの山野草を摘んできて供えた。〈精霊花(しょうりょうばな)〉ともいう。秋の季語。

逆縁の盆花壺にあふれしむ　上村占魚

ま行

マーガレット　marguerite

観賞用に花壇に植えられたり、切り花にされて初夏、花柄の先に中心が黄色の白い〈頭花〉をつけるキク科の多年草。花びらを一枚ずつ引き抜きながら「好き、嫌い、好き…」と恋占いをしたところから、花言葉は「恋占い」「心に秘めた愛」。夏の季語。

背負籠にマーガレットをのぞかせて　清崎敏郎

誠の花　まことのはな

⇩巻末「花のことわざ・慣用句」

真菰の花　まこものはな

真菰は、川べりや湖沼の水辺に群落をなし八～一〇月ごろ、薄紫色の円錐形の小花を多数つけた花穂を伸ばすイネ科の多年草。群生して風に揺れる姿に哀れ深い余情がある。「真菰の花」は秋の季語。

筌をあぐる真菰の花をこぼしつつ　土山紫牛

（「筌」は割り竹を編んで作った漁具）

待つが花　まつがはな

⇩巻末「花のことわざ・慣用句」

松高ければ藤長し　まつたかければふじながし

⇩巻末「花のことわざ・慣用句」

松の花　まつのはな

松は晩春、新芽の先に数個の紫色の雌花をつけ、その根元に粒々の茶色の雄花を群がってつけるマツ科マツ属の植物の総称。それは「花」というのがそぐわないほどの素朴なものだと、俳人鷹羽狩行は言っている（『日本大歳時記』）。雌花はやがて松ぼっくりになる。「松の花」は春の季語。⇩〈十返りの花〉

歳月の流れてけぶる松の花　山口誓子

松葉牡丹　まつばぼたん

松葉に似た線形・多肉質の葉の間に、直径三センチほどと小ぶりながら赤・黄・赤紫・白の〈牡丹〉に似た華やかな花を咲かせるスベリヒユ科の春まき一年草。花は日中だけ咲いてしぼむが毎日咲きかわり、また一度植えるとこぼれ種から毎年咲き出て、永い間絶えないので「不亡草（ほろびんそう）」の異名がある。夏の日射しによく耐えるので〈日照草（ひでりぐさ）〉ともいい、花言葉は「可憐」「無邪気」。夏の季語。

砂利へりてまばらに松葉牡丹かな　赤星水竹居

松虫草　まつむしそう

高原の草地に生え初秋、花茎（かけい）の先に淡い紫色の花をつけるスイカズラ科の越年草。松虫が鳴くころに咲くところからの名という。紫色の繊細な花から、花言葉は「不幸な愛」。秋の季語。

松虫草少女が馬を下りて摘む　宮下翠舟

待雪草　まつゆきそう

早春、雪のように白い花をつけるヒガンバナ科の球根草〈スノードロップ〉の和名。「雪の花」ともいう。春の季語。⇩〈**スノードロップ**〉

待宵草　まつよいぐさ

河原や海岸などに生えるアカバナ科マツヨイグサ属の越年草で、江戸末期に渡来した帰化植物。夏の夕方、黄色い四弁の花を開き、翌日にしぼむと赤黄色になる。同時期に渡来し同じように夕方白い花が咲き朝にはしぼむ〈月見草〉が、その後消滅してしまったので、現在ではこの黄色い「待宵草」や〈大待宵草〉を「月見草」といっている。が、本来は誤り。〈宵待草（よいまちぐさ）〉ともいう。花言葉は、〈月見草〉に準じて「ものいわぬ恋」。夏の季語。⇩〈**月見草**〉

待宵草月に昂ぶる濤の音　渋谷かず枝

茉莉花　まつりか

五〜七月ごろの夕方、枝先に芳香のある五弁の白花をつけるモクセイ科の常緑低木。干した花で茶に香りづけしてジャスミン茶とする。夏の季語。

茉莉花の香指につく指を見る　横光利一

マドンナリリー　Madonna lily

聖母マリアの純潔を象徴する白百合をいう。「受胎告知」や「聖母子」など、キリスト教の聖書にちなんだ絵画には、マリアのそばに白百合が描かれていることが多い。

幻の花　まぼろしのはな

「青いチューリップ」と、「黄色い椿」はこの世に存在しないといわれた。しかし、四〇年ほど前、中国南西部で「黄花椿」が発見され、その後日本にも輸入された。

豆桜　まめざくら

富士山周辺や伊豆・箱根地方に自生する桜。五、六月に白ないし淡紅色の小さな花を下向きにつける。「富士桜」ともいう。春の季語。

豆の花　まめのはな

種類の多い豆類の花の総称だが、中でも〈蚕豆の花〉と〈豌豆の花〉が代表か。いずれも蝶のような形をしていて色は白・紅・紫など。春、田の畦や畑に咲いてそよ風に舞い踊る。幸田露伴は「豆の花は皆やさし」として、〈蚕豆の花〉はその色を嫌う人がいるけれど〈豌豆の花〉はその姿を愛さない人がいるだろうか、と称えている。都の歌人たちは、このような花も実も好ましいものをなぜ植えてこなかったのか、和歌にも歌わずに一〇〇〇年も過ごしてきたのがまったく腑に落ちない、と嘆じている（「花のいろいろ」）。春の季語。⇩〈豌豆の花〉〈蚕豆の花〉

水郷はよく風吹いて豆の花　高崎律子

マリーゴールド　marigold

園芸品種として花壇に植えられ初夏から晩秋にかけ、黄・橙色ないし濃い赤色の花を次々に咲かせるキク科の一年草または多年草。高さ二〇～三〇センチと小さめのフレンチ・マリーゴールド、大輪のアメリカン・マリーゴールド、大形で大輪のアフリカン・マリーゴールドなどがある。キク科でコスモス咲きの〈孔雀草〉も同種。「マリーゴールド」の花言葉は諸説あり、聖母マリアに由来する花名からは「信頼」だが、ギリシア神話の水の妖精クリスティーの恋愛譚からは「嫉妬」。夏の季語。

マルメロ　marmelo

中央アジア原産で春、〈木瓜の花〉に似た白または淡紅色の五弁の花をつけるバラ科の落葉高木。秋には黄色の洋梨形の実が生り「西洋かりん」ともいう。谷中の家の庭にあった「まるめろ」について幸田露伴が書いている。初めは名前も知らず、枝ぶりや幹に瘤があるのが意に染まなかったが、「或日の雨の晴れたるをり、ゆくりなくも花の二つ三つ咲き出でたるを見て、日頃の我が胸の中のさげすみを花の知らばと、うらはづかしくおぼえき。花は淡紅の色たぐふべきものも無く気高く美しくて、いやしげ無く伸びやかに、大さは寸あまりもあるべく、単弁の五弁に咲きたる、極めてゆかし」と絶賛している（「花のいろいろ」）。漢字では「榲桲」と当てる。果実にちなんで、花言葉は「誘惑」「多産」。「マルメロの花」は春の季語。

榲桲のほろりと咲けり山羊の上　小池文子

マルメロの花

マロニエの花

マロニエは、五月ごろ枝先に白・薄紅色などの花穂を円錐形に咲かせるムクロジ科の落葉高木。高さ二五メートルほどにもなり、パリやスペイン・マドリードのマロニエ並木が有名。日本の公園や街路樹に植えられているマロニエの多くは「栃の木」で別種。芸術の都パリの街路樹に多く、花言葉は「天才」。「マロニエの花」は夏の季語。

花マロニエ降る雨港かくしたる　平間真木子

回り花　まわりばな

茶道の七つの儀式「七事式」の一つで、招客が順々に花を生けていくこと。

まんさく

漢字で書くと「満作」ないし「万作」。山野の林の中などに自生し、庭園にも植えられるマンサク科の落葉低木。山にまだ雪が残っている早春、他の花々に先がけて、葉の出る前にリボン状の花弁のちぢれた黄色い花が「まず咲く」ので「まんさく」という。あるいは花が枝に咲き満ちるさまを「豊年満作」に見立てたからともいい、この花がよく咲く年は「豊年満作」になるところからの名ともいう。「金縷梅（まんさく）」の字を当てることがあるが、日本の固有種だから本来漢名はない。今年もまた春がきたという気分からか、花言葉は「幸福の再来」。春の季語。

まんさくに滝のねむりのさめにけり　加藤楸邨

曼珠沙華　まんじゅしゃげ

秋、各地の土手や田の畦（あぜ）などに真っ赤に群がって咲くヒガンバナ科の多年草。冬から春先には青々としていた葉は枯れてなくなり、九月ごろ天から落下して地面に突き刺さったような四〇センチほどの緑の花茎（かけい）の先に、蕊（しべ）を長く張った真紅の花が咲く。秋彼岸のころに咲き彼岸が過ぎると消えてしまうので〈彼岸花〉の別名がある。陶芸家の河井寛次郎は「曼珠沙華は田の畔（くろ）の石地蔵が好きだ。むらがり寄ってお祭りする。この花は又墓場も好きだ」（『雑草雑語』）と書いていて、「死人花（しびとばな）」「幽霊花」などと不吉な異名がある。秋の季語。⇩〈彼岸花〉

曼珠沙華不思議は茎のみどりかな　長谷川双魚

蜜柑の花　みかんのはな

蜜柑は五、六月ごろ、花弁の内側が少しくぼんだ芳香ある白い五弁花を咲かせるミカン科ミカン属の常緑果樹の総称。秋冬に橙色（だいだいいろ）に熟する実は誰でも知っている。「蜜柑の花」は、夏の季語。「花蜜柑」ともいう。

潮風の止めば蜜柑の花匂ふ　滝春一

水木の花　みずきのはな

水木は、山野に生え五、六月ごろ、枝先に白い小花を時ならぬ雪のように密集させて咲かせるミズキ科の落葉高木。「花みづき」ともいうが、アメリカヤマボウシの通称である「花水木」（春の季語）は別種。「水木の花」「花みづき」は、夏の季語。

水木咲き枝先にすぐ夕蛙　森澄雄

水芭蕉　みずばしょう

山の湿原に群がり生え春から初夏、仏像の光背のような「仏炎苞（ぶつえんほう）」と呼ばれる白い苞葉（ほうよう）に包まれた黄緑色の花穂（かすい）を伸ばすサトイモ科の多年草。雪のように白い仏炎苞の美しさが愛好され、とくに群馬と福島の県境にある尾瀬（おぜ）沼は有名。花後に伸びる葉が長大で「芭蕉」の葉を連想させるところからその名がついた。「**夏がくれば思い出す…**」の歌詞どおり、花言葉は「美しい思い出」。夏の季語。

野兎（やと）わたる濁りすぐ消ゆ水芭蕉　沢田緑生

水引の花　みずひきのはな

野山の林や藪（やぶ）の日陰に生え夏から秋、伸ばした花茎（かけい）に外側が赤で中が白の小さな花をつけるタデ科の多年草。赤と白の小花が点々とついた花穂（かすい）の形が、贈答品の箱などを結ぶ「水引」に似ているところからその名がついた。江戸期の百科事典ともいえる『和漢三才図会』巻九十四の「水引草（みずひき）」の項に「本名未詳」として、「**紙撚（こより）彩色して、糸縄に代へて物を括（くく）る、水引と名づく。この草の穂・茎やや似たり、ゆゑに水引と名づく**」と。

立原道造「のちのおもひに」の初連に「**夢はいつもかへつて行つた　山の麓のさびしい村に／水引草に風が立ち／草ひばりのうたひやまない／しづまりかへつた午さがりの林道を**」と。花言葉は、「感謝の気持ち」「お祝い」。「水引の花」は秋の季語。

水引のまとふべき風いでにけり　木下夕爾

三角草　みすみそう

⇩〈雪割草（ゆきわりそう）〉

みそはぎ

漢字で書けば「禊萩」。盂蘭盆会（うらぼんえ）のときに仏前に供えるミソハギ科の多年草。野山の湿地に生え七、八月ごろ、紅紫色の小花が長い穂の形に咲く。花束を水に浸し振るって迎え火・送り火を消すので「精霊花（しょうりょうばな）」「水懸草（みずかけぐさ）」ともいう。秋の季語。

家遠しみそ萩つむは孤児（みなしご）か　幸田露伴

乱れ咲き　みだれざき

多数の小菊などが、茎や葉を隠してしまうほど咲き乱れているようす。

三日見ぬ間の桜　みっかみぬまのさくら

⇩巻末「花のことわざ・慣用句」

三椏の花　みつまたのはな

三椏は三、四月ごろ、黄色の小花を球形に密集させた蜂の巣のような花序を下向きにつける、ジンチョウゲ科の落葉低木。枝が三つに分かれて伸びるところからその名があり、和紙の原料となる。「三椏の花」は春の季語。

三椏の花の鈴振る紙漉き場　久野すゞ

嶺桜　みねざくら

本州の中部以北の山地に生え晩春から初夏、赤褐色の葉と同時に白ないし淡紅色の五弁花を咲かせる、バラ科の落葉中高木。〈高嶺桜（たかねざくら）〉ともいう。春の季語。

雪渓へ風吹きつのる嶺桜　山田春生

ミモザ　Mimosa

オーストラリア原産で早春、黄金色の小花が集まった花房を垂れ下がるように咲かせるマメ科アカシア属の「銀葉（ぎんよう）アカシア」の俗称。「ミモザアカシア」ともいい、西欧では春を運んでくる花として愛されていて、男性が妻や恋人に感謝するときに贈る風習がある。花言葉は「友情」「思いやり」。春の季語。

花ミモザ修道女われにふりむかず　下村梅子

都忘れ　みやこわすれ

花壇や鉢植えで五、六月ごろ、花茎（かけい）の先に濃（こ）紫（むらさき）・薄紫・赤紫などの〈頭花（とうか）〉を咲かせるキク科ミヤマヨメナの園芸品種。「野春菊（のしゅんぎく）」ともいう。後鳥羽上皇とともに鎌倉幕府追討を図った承久の乱に敗れて佐渡に流された順徳上皇が、島に咲いていたこの花のゆかしい風情にしばし都への思いを忘れて慰められたとの言い伝えからその名がついた。花言葉は「別れ」また「しばしの憩い」。春の季語。

都忘れふるさと捨ててより久し　志摩芳次郎

深山霧島　みやまきりしま

九州の霧島・阿蘇・雲仙などの山地に群生するツツジ科の常緑小低木。五、六月ごろ紅紫色の美しい花が多数密生して咲く。鹿児島県の県花。〈霧島つつじ〉は園芸種で別種。「深山霧島」は夏の季語。

深山桜　みやまざくら

①山深くに咲いている桜。『拾遺集』巻十六に「かた山にはたやくをのこかの見ゆるみ山さくらはよきてはたやけ」、そこの山で畑を焼いている男よ、あそこに見える深山桜はよけて焼きなさい、と。②深山に自生し、五月ごろ白色五弁の数花を総状（そうじょう）に咲かせるバラ科の落葉高木。春の季語。

茗荷の花　みょうがのはな

茗荷は、山の樹陰などに生え秋口に、鞘（さや）状の葉に包まれた花穂（かすい）に黄白色の〈蘭〉のような気品のある美花をつけるショウガ科の多年草。一日でしおれるが次々に咲く。「茗荷の花」は秋の季語。

つぎつぎと茗荷の花の出て白き　高野素十

六日の菖蒲　むいかのしょうぶ

⇩巻末「花のことわざ・慣用句」

木槿　むくげ

晩夏から秋にかけて紅紫色ないし白色の美しい

花を咲かせ、朝開いて夜にはしぼむとされるアオイ科の落葉低木。『白氏文集』放言に「**松樹千年終にこれ朽ちぬ。槿花一日おのづから栄を為す…生去死来すべてこれ幻、幻人の哀楽何の情にか繋る**」と。この詩から栄華の儚さをいう「槿花一日の栄」という成語ができた。しかし実際の木槿は、場所を変えて新しい花を次々に咲かせる。西欧では昔十字軍がアラブ世界から持ち帰った花だといわれ、花言葉は「信念」。秋の季語。

道のべの木槿は馬に喰はれけり　芭蕉

木槿（むくげ）

無限花序　むげんかじょ

花軸が伸びるにつれて、花が下から上に向かって咲き上って行く花の並び方。花茎が上に伸びつづければ無限に花が咲きつづけるということである。⇩〈有限花序〉

結び花　むすびばな

糸などを、さまざまな花の形に結んで衣服や調度の飾りとしたもの。⇩〈花結び〉

無駄花　むだばな

実を結ばずに散ってしまう花。雄花。転じて、努力したのに結果に結びつかなかった行動。〈徒花〉も同じ。「徒花」と書いて「むだばな」とも読む。

六つの花　むつのはな

よく見ると結晶が六角形をしている「雪」の雅称。室町期の紀行文『廻国雑記』に「**をしなへて草木にかはるいろもなしたれかは六のはなと見るらん**」、冬の大地のどこにも草木以外の色などありはしない、雪が六つの花だなどと誰が

ま行

思うだろうか、と。〈六花(りっか)〉とも。

紫草　むらさき

日当たりのよい野原に生え六、七月ごろ、葉の脇に五弁の白い花を咲かせるムラサキ科の多年草。『万葉集』巻一に「**紫草(むらさき)のにほへる妹を憎くあらば人妻ゆゑに我(あれ)恋ひめやも**」、咲き匂う紫草のように美しいあなたをうとましく思うなら、人妻だからといってどうして私はこれほど恋しいと思うでしょうか、と。花が白いのになぜ「むらさき」というかといえば、紫色をした根の「紫根(しこん)」を染料や薬用としたから。古くから武蔵野などに自生していたが次第に見られなくなった。「紫草」と書いて「むらさき」とも「むらさきそう」とも読む。夏の季語。

紫根草(むらさき)はひそひそ咲きに八幡平(はちまんたい)　文挟夫佐恵

紫式部の花　むらさきしきぶのはな

野山に自生し六月ごろ、葉柄の付け根に薄紫の小花をたくさんつけるシソ科の落葉低木。秋に紫色の小さな球状の実が鈴なりに生る(なる)のを「実(み)

旅宿(りょしゅく)の花

源義経の天才的軍略の前に敗色濃く都落ちを迫られた平家の公達薩摩守忠度(さつまのかみただのり)は、年来の和歌の師藤原俊成(ふじわらのしゅんぜい)の京都五条の邸の門を叩いた。名乗ると屋敷の中では「平家の落人が来た」と騒然たる気配。下馬して「俊成卿に申し上げたきことあり、忠度が参っております」と呼ばわると、声を聞いた俊成は、案ずる家人を制して座敷に通し対面した。久闊(きゅうかつ)を叙して忠度は「源氏に追われ平家一門の命運も尽きようとしています。それにつけてもお教えいただいている和歌の道で、忠度生涯の面目に、たとえ一首でも入選の御恩にあずかりたいと願っておりました。いずれ勅撰集の成る折には、この内より一首なりとも入集が叶えば、草葉の陰でどれほど本懐に存ずることでしょう」と言って鎧(よろい)の引合から自作を記した歌集を取り出し紫(むらさき)」という。「紫式部の花」「花式部」は夏の季語。「紫式部」「実紫」は秋の季語。

男には物足らぬ花花式部　後藤比菜夫
うち綴(つづ)り紫式部こぼれける　後藤夜半

室咲き　むろざき

本来春咲く花を温室やビニールハウスなどで冬のうちに早咲きさせたもの。昔は正月用の梅や木瓜(ぼけ)の盆栽などを、炉で温めた室の内や土蔵の中で咲かせた。現在はシクラメン・フリージア・チューリップなどの洋花を促成栽培する。「室の花」ともいい、時ならぬ華やかさが目を娯(たの)しませる。冬の季語。

室咲きの花のいとしく美しく　久保田万太郎

名花　めいか

とくに美しい花。〈牡丹〉〈芍薬(しゃくやく)〉〈海棠(かいどう)〉の花などをいう場合が多い。また、評判の美人のこと。「祇園の名花」「社交界の名花」など。「名花十友」といえば、中国・宋の曾端伯(そたんぱく)が一〇種の花を心にかなう友として選び、画題としたも

俊成に手渡した。忠度の歌の道への真情を哀れみ俊成が涙を拭うと、忠度は永のいとまを告げ、再び馬にまたがり西へと落ちて行った。やがて『千載集』を編纂する時期が来たとき、この日の忠度の風雅の振る舞いを忘れがたく思っていた俊成は、遺作の中から一首を選ぶと「詠み人知らず」として集中に採録した。作者名を明らかにしなかったのは、やはり鎌倉幕府をはばかったのであろう。その歌――「**さざ波や志賀の都はあれにしを昔ながらの山桜かな**」。

忠度は、俊成に別れを告げたあと源氏の勝利を決定づけた一の谷の合戦に臨み、平家方の大将軍として采配を振った。源氏の荒武者岡部六弥太は、馬上の忠度を発見すると「よき敵ご参(ざん)なれ」とばかりにむんずと組みついた。忠度は目にもとまらぬ早業で六弥太を引き寄せ、取り押さえて首を刎(は)ねようとした。そこへ脇から六弥太の家来が

の。ちなみに、荼蘼(韻友)・茉莉(雅友)・瑞香(殊友)・荷花(浄友)・巌桂(仙友)・海棠(名友)・菊花(佳友)・芍薬(艶友)・梅(清友)・梔子(禅友)の一〇種で、茉莉・芍薬の代わりに蘭(芳友)・蠟梅(奇友)を当てる説もある。わが国の渡辺崋山や椿椿山も画題としている。

雌しべ　めしべ

被子植物の花の中心にあって種子を作る雌性の生殖器官。花粉を受粉する「柱頭」、将来種になる「子房」、その双方をつなぐ「花柱」の三つの部分から成る。「雌蕊」とも書き、「雌蕊」ともいう。⇩〈雄しべ〉

雌花　めばな

雌しべだけがあって雄しべのない〈単性花〉。

木犀　もくせい

秋に独特の芳香を放つ花をつけるモクセイ科の常緑低木。一〇月ごろにまず黄橙色の小花をびっしりつける〈金木犀〉、そして晩秋に白い小花のつく〈銀木犀〉が咲く。ほかに淡黄色の「薄黄木犀」もある。画家の鏑木清方は「私はこの花の香をかぐといつでも読書欲を誘われる。何か心が澄んで、思索が深まるような気がする」と書いている。また、琴の音がこの花の香のただよう垣根から洩れ聞こえてくるのはいかにもふさわしいけれど、俗曲などはつり合わない、とも(「木犀」)。秋の季語。

木犀を歴訪すべき散歩かな　相生垣瓜人

> 助勢し、忠度の右腕を打ち落とした。この急襲にはさしもの忠度もたまらず、今はこれまでと「南無阿弥陀仏」の名号を十遍唱えるとついに力尽きた。のちに検死の者が、忠度の背負っていた箙を改めると文が結びつけてあり、そこには「旅宿の花」と題して、「**行きくれて木の下蔭を宿とせば花や今宵の主ならまし　忠度**」と認められていた。花も実もある武士の最期であった。

木蓮 もくれん

庭木や街路樹として植栽され、早春、葉が出る前に濃い赤紫色の六弁の大きな花を天に向かって開くモクレン科の落葉低木。中国原産で樹高四メートルほど。「紫木蓮(し)」と「白木蓮(はく)」があるが、ただ「木蓮」といえば「紫木蓮」を指す。正々堂々と空を仰いで咲くところから、花言葉は「自然への愛」。春の季語。⇩〈白木蓮〉

木蓮に大風やまぬ日なりけり 木下夕爾

もじずり

日当たりのよい芝地などに生え六、七月ごろ、一〇センチほどの花穂(かすい)を伸ばし淡い赤紫の小さな〈蘭〉に似た花を多数つけるラン科の多年草。漢字で書くと「捩摺」または「文字摺草」。布などにねじれ模様を摺りつける摺込(すりこみ)染(ぞめ)からの連想でその名がついた。〈捩花(ねじばな)〉ともいい、英語で「少女の巻き毛」の異名をもつ可憐な花姿から、花言葉は「思慕」。夏の季語。

餅花 もちばな

小正月や節分のときに、紅白の餅や団子をたくさん刻んで柳の枝などにつけた飾り木。応接間や神棚の傍に置いたり吊るしたりして、家内安全や豊年を祈った。新年の季語。

餅花や煤けし時計緩く鳴る 田中西崖

木香薔薇 もっこうばら

庭や生垣に植えられて初夏、薄黄色ないし白色の八重の小ぶりな花を葉が見えなくなるくらいびっしりとつけるバラ科の常緑蔓生(まんせい)低木。芳香があり、白花はとくに香り高い。棘(とげ)のないやさしい薔薇で、花言葉は「純潔」「初恋」。

物言う花 ものいうはな

⇩巻末「花のことわざ・慣用句」

物言わぬ花 ものいわぬはな

⇩巻末「花のことわざ・慣用句」

桃の節句 もものせっく

桃の花を飾って祝う、三月三日の雛祭りのこと。人形に穢(けが)れを移して川や海に流す「人形送り＝流し雛」の習俗と、中国から伝来した「上巳（じょうし）」の祝いなどが習合した女児の節句。

桃の花　もものはな

桃は、古くに中国から渡来し花実ともに日本人に愛され春、葉が出る前に淡紅色の五弁の花がにぎわうバラ科の落葉小高木。『万葉集』巻十九に「**春の園紅にほふ桃の花下照る道に出で立つをとめ**」。〈桃の節句〉に象徴されるように女子のシンボルであるところから、花言葉は「気立てのよさ」。また魔よけの木ともいわれ「天下無敵」という花言葉もある。「桃の花」は、春の季語。

桃の咲くそらみつ大和に入りにけり　川崎展宏

盛花　もりばな

〈立花（りっか）〉などの伝統的な様式にとらわれず、花材の個性を生かし自然のままの姿を写実的に再現しようとする生け花の表現方法の一つ。明治期に小原雲心（おはらうんしん）によって創（はじ）められ、水盤などの花器に花を盛るように生ける。大正期に盛んになり、現代生け花の基礎の一つとなっている。

や 行

八重咲き　やえざき
花弁の枚数は植物の種類ごとにだいたい決まっているが、正常なものよりかなり枚数が多い重弁のものをいう。「萼(がく)」が花弁と同じ色・形になる場合は「二重咲き(ふたえ)」といい、「八重咲き」は雄しべ・雌しべが花弁化していて、実をつけないものも多い。

八重桜　やえざくら
〈山桜〉から変化した〈里桜〉の一品種で、ほかの桜より開花が遅く、葉が出るのとほぼ同時に薄紅色ないし淡黄色の八重の花が咲く。『金葉集』巻五に「**九重に久しくにほへ八重桜のどけき春のかぜと知らずや**」、宮中にいつまでも咲きつづけてほしい八重桜よ、吹いているのはゆるやかな春の風だと知らないことはないでしょう、と。〈染井吉野〉などよりも濃艶(のうえん)で〈牡丹桜〉ともいう。しかし、吉田兼好は「八重桜」が嫌いだったようで、『徒然草』第百三十九段で「**八重桜は異様(ことよう)のものなり。いとこちたくねぢけたり。植ゑずともありなむ**」、八重桜は風変わりなものである。仰々しくてつむじ曲がりだ。自分の家に植えなくてもいいはずのものだ、などと言っている。春の季語。

奈良七重七堂伽藍八重桜　芭蕉

八重山吹　やえやまぶき
五弁一重(ひとえ)の普通の〈山吹〉に対して、重弁のものをいう。室町中期の武将太田道灌(おおたどうかん)は、ある日鷹狩に出て村雨に降られ、一軒の百姓家に立ち寄り雨具を所望した。しかし出てきた村娘は黙って山吹の枝を差し出すばかりなので道灌は戸惑った、という話は落語などでおなじみ。道灌は娘が山吹の枝にこめた古歌「**七重八重花は咲けども山吹のみの**（実の＝蓑）**一つだになきぞ**

かなしき」に託した、雨よけの蓑さえない貧しさと悲しみがわからなかったのだ。あとで娘の真意を知らされた道灌はみずからの無教養を恥じ、精進してのちに歌人としても名を成したという。この和歌のとおり「八重山吹」は花後に実をつけない。黄色がひときわ鮮やかな「濃山吹(こやまぶき)」も八重咲き。春の季語。

濃山吹俄(にわ)かに天のくらき時　川端茅舎

八重山吹（やえやまぶき・左）
山吹（やまぶき・中央〜右）

夜会草　やかいそう

初秋の夕方、朝顔形の真っ白な花を咲かせ、いっときの夜会を終えると朝にはしぼむ〈夜顔〉の別名。〈夕顔〉に似ているが、夕顔がウリ科なのに対して夜顔はヒルガオ科。「夕顔」が夏

奈良桜

「奈良桜」とは、小輪の花をつける八重桜の異称で、平安中期一条天皇の宮中にこの桜がもたらされたときは、のちに女流歌人として知られるようになった伊勢大輔(いせのたいふ)が初めて御所に上がった日だった。一種の面接試験でもあったのだろうか、中宮上東門院(じょうとうもんいん)彰子(しょうし)は伊勢の前に「奈良桜」の花枝を置き、檀紙(だんし)と硯(すずり)を並べさせた。人びとが伊勢はどう反応するだろうと興味津々に見守っていると、伊勢はやおら筆をとるや紙に何事かさらさらと書きつけた。改めて読んでみると、書かれていたのは、「**いにしへの奈良の都の八重桜けふ九重に匂ひぬるかな**」の歌であった。あまりのみごとさに皆人(みなひと)は感嘆し御殿中がどよめいたという。

の季語なのに対して、「夜顔」は秋の季語。

月更けて夜会草風にいたみけり　高田蝶衣

葯　やく

雄しべの先にある花粉を作る嚢状の器官。花粉が成熟すると「葯」が裂けたり穴があいたりして中の花粉を放出する。

矢車草　やぐるまそう

①観賞用に公園の花壇などで栽培され初夏、線状の葉の間から伸びた細長い花軸の先に青紫・桃色・白などの頭状花をつけるキク科の一年草。花弁の先に切れ込みがあり形が鯉のぼりの矢車に似ているところから「矢車菊」ともいうが、一般には「矢車草」と呼ばれている。重弁のものもある。素朴な美しさが多くの人に愛され、花言葉は「幸福」。夏の季語。

空の色映し矢車草ひらく　小神野藤花

②山深いところに自生し初夏、花軸の先に多数の白い小花の花穂を円錐状に咲かせるユキノシタ科の多年草。五枚の掌形の葉の先が切れ込んでいて、形が矢車に似ているところからの名。

八潮つつじ　やしおつつじ

染色液に幾度も浸して丁寧に染め上げたように濃く美しい色をした〈つつじ〉。「八潮」は「八塩」「八入」とも書き、何度も繰り返し手間をかけて染めること。「紫八塩つつじ」「白八入つつじ」などがある。春の季語。

八千草　やちぐさ

⇩〈千草の花〉

八手の花　やつでのはな

八手は、関東以西の林の中などに生え、庭木などにも植えられ初冬、白い小花が球状に咲いて黒い実になるウコギ科の常緑低木。大きな葉は七〜九ヵ所で裂けていて掌形をしており、団扇のようにも見えるところから「天狗の羽団扇」の異名がある。「八手の花」「花八手」は冬の季語。

日向より日蔭が澄みぬ花八つ手　馬場移公子

柳蘭　やなぎらん

高原に群落をなして生え夏の終わりに、花軸の先に赤紫色の多数の花を穂状に咲かせるアカバナ科の多年草。莢(さや)状の実は熟すと裂けて毛のついた種を飛ばす。この習性と葉の形が柳に似ているところからその名がある。夏の季語。

柳蘭色せり上がる雲の峰　鈴木しどみ

野梅　やばい

梅園や盆栽の梅ではなく、野路山路に生えている野の梅。春の季語。

やはり野に置け蓮華草　やはりのにおけれんげそう

⇩巻末「花のことわざ・慣用句」

藪椿　やぶつばき

一重の赤い花びらが愛らしい、野山の林間に野生する赤椿。園芸品種が数多い日本の〈椿〉の原種。〈山椿〉ともいう。春の季語。各務支考(かがみしこう)編の俳書『笈日記(おいにっき)』に、

藪椿門はむぐらの若葉かな

藪手鞠　やぶでまり

野山の湿地などに自生し晩春から初夏、〈紫陽花〉に似た白い花をつけるレンプクソウ科の落葉低木。「藪手毬」とも書く。真ん中の小花とそれを取り巻く大きな装飾花がほぼ水平に並ぶ。この花の付き方を「散房花序(さんぼうかじょ)」といい、先端の花ほど花茎(かけい)が短くなるため結果的に花の高さがそろう。庭木などに植栽される〈手鞠花〉は「藪手鞠」の栽培種だという。

山桜　やまざくら

宮城県以南の山野に自生し四月初旬、葉が芽吹くと同時に淡紅色の花を咲かせるバラ科の落葉高木。『千載集』巻二の源氏の祖八幡太郎(はちまんたろう)源義家の名歌に「**吹く風をなこその関とおもへどもみちもせにちる山桜かな**」、風よこちらに吹いて勿来(くるな)と思う勿来関(なこそのせき)の道を狭くするほど花が散りしきる山桜だな、と。後世にも文人たちによって「**敷島の大和心を人問はば朝日に匂ふ山桜花**（本居宣長）」、「**うらうらとのどけき春の心よ**

り匂ひ出でたる山桜花（賀茂真淵）」などと詠われ、日本の心を最もよく象徴する花とされてきた。平地に咲く〈里桜〉に対して山地に咲く桜や〈吉野桜〉をいうこともある。街路樹や公園などにも植栽され、花の色が山桜よりも濃い「大山桜」もある。春の季語。

杣（そま）のみの通ふ道あり山桜　柴沼忠三

山つつじ

山地に生え、初夏に真っ赤な漏斗（じょうご）状の花をつけるツツジ科の半落葉低木。春の季語。

日のさして崖に焔の山つつじ　平山スミ子

山椿　やまつばき

山に生えている野生の〈椿〉。『万葉集』巻七に「**あしひきの山椿咲く八（や）つ峰（お）越え鹿（しし）待つ君が斎（いわ）ひ妻かも**」、山椿の咲く峰々を越えて鹿を待ち受けている狩人のあなたの無事を祈って潔斎している妻の私です、と。春の季語。⇩〈藪椿〉

ふり出して雪ふりしきる山つばき　森澄雄

大和撫子　やまとなでしこ

⇩〈撫子〉

山吹　やまぶき

山野の樹陰などやや湿りけのある土地に生え晩春、枝先に直径四センチほどの黄金色の五弁の花を開くバラ科の落葉低木。八重咲きもある。茎の中の白い髄を子どもが「山吹鉄砲」の弾にして遊ぶ。〈八重山吹〉「白花（しろばな）山吹」などがある。

一条天皇の中宮定子（ていし）に仕える清少納言を描いた瀬戸内寂聴の『月の輪草子』に「山吹」に託した心が描かれている。清少納言が中宮からの封書を開いてみると、「ただ山吹の花びらがひとひら包まれていた。つつみ紙のはしに一言『言はで思ふぞ』ということばだけが記されていた」と。山吹の色は黄色で、黄色は「梔子（くちなし）」の実を染料として染めたことから、和歌の世界では山吹といえば「くちなし＝口無し」を連想する。つまり「何も言わない」という意思表示なのだ、中宮の胸のうちには口に出して言うよりずっと激しい想いがあふれているのだと清少納言は察した、と。山吹色の輝くような美しさから、花言葉は「気品」「崇高」。「山吹」は春の季語。

山吹やひとへ瞼（まぶた）の木曽女　橋本鶏二

山藤　やまふじ

野山に咲いている野生の藤。庭園の藤も優美だが、「山路に藤の花を見出した時などは造化の妙に思わず息を呑む」と水原秋櫻子は讃えている（『俳句歳時記』）。「野藤」ともいう。春の季語。

谷の藤雲煙淵をうばひさる　伊丹丈蘭

山法師　やまぼうし

山野に生え六、七月ごろ、〈花水木〉に似た四枚の白い苞（ほう）の中心に黄緑色の小花が球形に乗るように咲くミズキ科の落葉高木。花びらに見える四枚の苞が美しく印象的なところから「四照花（ししょうか）」の別名がある。「山帽子」とも書く。花言葉は「友情」。夏の季語。

雨去って白眉の花の山法師　米谷静二

山法師（やまぼうし）

山百合　やまゆり

夏、白い花の内側に赤褐色の斑点のある大きな花を咲かせるユリ科の多年草。強い香りがあり、百合根は食用になるので「料理百合」ともいう。夏の季語。

山百合に雹（ひょう）を降らすは天狗かな　渡辺水巴

夕顔　ゆうがお

初夏の夕方白い花を開き朝にはしぼむウリ科の蔓生（まんせい）一年草。長い洋梨のような形の果実が生（な）

り、果肉を細長くむいて乾燥させ「かんぴょう」をつくる。『源氏物語』の「夕顔」の巻はよく知られている。源氏が乳母を見舞おうとすると、隣家の垣根に白い花が咲いているのを見かける。お付きの者が「**かの白く咲けるをなん、夕顔と申し侍る**」と説明するところから、「**寄りてこそそれかとも見めたそがれにほのぼの見つる花の夕顔**」の女とのはかない交情が生まれる。紫式部に先立ち清少納言も「**夕顔は、花のかたちも朝顔に似て、いひつづけたるに、いとをかしかりぬべき花の姿に、実のありさまこそ、いとくちをしけれ**」、実がもっと可愛らしく「ほおずき」くらいの大きさなら好ましいのになどと彼女らしい感想を述べている（『枕草子』六十七）。夏の季語。

夕顔ひらく女はそそのかされ易く　竹下しづの女

夕化粧（ゆうげしょう）

夏の夕方ひっそりと花を咲かせる〈白粉花（おしろいばな）〉の別名。同じく夕方花を開き朝にはしぼむ〈待宵草（まつよいぐさ）〉〈大待宵草〉のこともいう。

有限花序（ゆうげんかじょ）

花茎（かけい）の先端から下に、あるいは中心から外側に向かって咲いてゆく花の並び方。もう花の丈幅が決まっているので有限である。⇩〈無限花序〉

夕桜（ゆうざくら）

夕日を受けて、しっとりとした情感を漂わす桜の花。春の季語。

夕桜折らんと白きのど見する　横山白虹

夕萓（ゆうすげ）

本州の高地の草原に生え夏の夕日が沈むころ、高さ一メートルほどの花軸の先に二、三個の百合に似た淡黄色の花をつけるワスレグサ科の多年草。夕闇の迫った高原に灯を点すように花開き、風に揺れている姿は、立原道造の詩「ゆふすげびと」そのままの風情である。「**かなしみではなかつた日のながれる雲の下に／僕はあな**

たの口にする言葉をおぼえた／それはひとつの花の名であつた／それは黄いろの淡いあはい花だつた」と。夕方花開いて翌日の午前中にはしぼむ〈一日花〉。「黄萱（きすげ）」ともいい、高原の名花〈日光黄萱〉は同種。暮れはじめた草原に印象的に開花するところから、花言葉は「麗しき姿」また「媚態（びたい）」。夏の季語。

厩（うまや）までユフスゲの黄のとびとびに　大野林火

ゆうはな

漢字で書けば「木綿花」。「ゆうはな」は楮（こうぞ）の皮から取った糸の木綿（ゆう）でこしらえた白い造花。古代の女性が髪飾りなどにした。『万葉集』巻六に「**泊瀬女（はつせめ）の造る木綿花み吉野の滝（たぎ）の水沫（みなわ）に咲きにけらずや**」、泊瀬女が造る木綿花が吉野の山川の滝つ瀬に浮かぶ水泡となって咲いているではないか、と。

夕山桜　ゆうやまざくら

夕陽の中に咲いている〈山桜〉。夕方の山に咲いている桜。春の季語。

家ありや夕山ざくら灯のもるる　闌更

幽霊花　ゆうれいばな

〈曼殊沙華（まんじゅしゃげ）〉の不吉な異称。

雪椿　ゆきつばき

東北・北陸など早春の北国の山地で、まだ雪景色の残る中に〈山茶花（さざんか）〉に似た紅い五弁の小さな花を開くツバキ科の常緑低木。春の季語。

潮鳴れば雪にあくがれ雪椿　松本進

雪の下　ゆきのした

野山の岩陰や庭園の泉水の辺（ほとり）などに生え五、六月ごろ、花茎（かけい）の先に上三枚が小さく下二枚が大きな五弁の白い花を総状（そうじょう）につけるユキノシタ科の半常緑多年草。雪の下になっても葉が緑の色を保つところからついた名だとも、雪を思わせる白い花の下に緑の葉があるからだともいう。花の形や葉の形からの連想で「鴨足草」「虎耳草」などとも書く。夏の季語。

日ざかりの花や涼しき雪の下　呑舟

雪の花　ゆきのはな

降る雪を〈落花〉にたとえ、また逆に枝に積もった雪を咲いた花に見立てた語。『古今集』巻六に「**冬ながら空より花の散りくるは雪のあなたは春にやあるらむ**」、まだ冬なのに空から雪が花びらのように散りかかってくるのは雪の向こうに春が来ているからだろう、と降る雪を花にたとえて春を待望している。「雪花」ともいう。冬の季語。

馬の尾に雪の花ちる山路かな　支考

雪見草　ゆきみぐさ

霜・雪の時節まで花が残っている遅咲きの〈冬菊〉の異名。〈寒菊〉「霜の菊」とも。冬の季語。また、花が雪のように白い〈空木〉をいうこともある。

雪柳　ゆきやなぎ

長くしなった枝いっぱいに春、白い小花をつけるバラ科の落葉低木。柳の枝に雪が積もったように見える。川添いの岩の上などに生え、民家の生垣や庭木としても植栽される。「岩柳」〈小米桜〉ともいう。漢名は〈噴雪花〉。粉雪が積もったような風情から、花言葉は「静かな想い」。春の季語。

花屋の荷花をこぼすは雪柳　大谷碧雲居

雪割草　ゆきわりそう

山地の樹下などに早春、残雪を割って萌え出すキンポウゲ科の多年草「三角草」のこと。二、三月ごろ、伸ばした花茎の先に白・藍・赤紫などの花をつける。三つの切れ込みを持つ葉の形が正月や婚礼に用いる「州浜台」に似ているところから「州浜草」ともいう。早春の冷たい風に耐えて咲くところから、花言葉は「忍耐」「自信」。春の季語。なお、夏に花をつけるサクラソウ科の多年草に同名の高山植物がある。

雪割草垂水の滝は巌つたふ　山口草堂

柚子の花　ゆずのはな

柚子は、初夏に芳香のある白い小花をつけ、花後球形の黄色い実が生るミカン科の常緑小高木。酸味の強い果汁、芳香のある果皮を香味料にする。ただ「柚」と書いて「ゆ」または「ゆず」とも読む。「柚子の実」は秋の季語だが「柚子の花」「花柚(はなゆず)」は夏の季語。

朝の戸の草履つめたし柚の花　細木芒角星

ゆすらの花

漢字で書くと「桜桃の花」。ゆすらは四月ごろ、葉とほぼ同時にその付け根に白ないし淡紅色の五弁の花をつけるバラ科の落葉低木。小さな丸い「梅桃(ゆすらうめ)」となり初夏に赤く熟し食用となる。「梅桃」「桜桃の実」は夏の季語。「ゆすらの花」「花ゆすら」は春の季語。

最上川雨気しんしんと花ゆすら　中原露子

夢見草　ゆめみぐさ

〈桜〉の異名。夢の中で咲いているような美しさからの名。

百合　ゆり

夏に茎の先に漏斗(じょうご)形で香り高い大形の花をつけるユリ科ユリ属の多年草の総称で、個別にはテッポウユリ系、ヤマユリ系、スカシユリ系、カノコユリ系などに分かれる。花の色は白・赤・黄・橙(だいだい)色など多様。〈鉄砲百合〉〈山百合〉〈鬼百合〉〈姫百合〉など日本には一五種ほどがあ

谷間の百合

『谷間の百合』は、一八三六年に刊行されたフランスの大作家バルザックの長編小説。フランス・ロワール地方の美しい谷間を背景にした清らかな伯爵夫人と溌剌(はつらつ)たる青年貴族の悲恋物語。二二歳のフェリックスはルイ一八世の復帰を祝う舞踏会で一人の美しい貴婦人に目を奪われる。感極まったフェリックスは貴婦人の背後に近づくと美しいばら色の肩に唇を押しあてる。婦人は鋭い叫び声を発して振り返るが、涙をたたえたフェリックスの顔を認めると怒りの表情を解いてその場から立ち去る。フェリックスが改めて後日探し当てたの

る。明治時代の女流歌人山川登美子の「**髪ながき少女（おとめ）とうまれしろ百合に額（ぬか）は伏せつつ君をこそ思へ**」など、百合の花は古今を問わず古典・詩歌に数多く取り上げられてきた。〈鬼百合〉〈山百合〉の百合根は食用にされる。円地文子が軽井沢の別荘の庭に「百合」を植えたときのことを書いている。「さかりのころには白い大きい花が群れて甘い匂いを散らしているあたりに、黒い揚羽蝶がひらひら飛びもつれて、清楚というより、ちょっと妖気のある美しさを醸（かも）し出した」と。そして夏が終わり東京に引き上げる時期がきたとき、百合をどうするか迷う。庭においてゆくと甘くておいしいので、取られるか鼠に喰われるかだからいっそ掘って食べてしまったらいいと人に勧められる。だが「花をさんざんみたあとで、その根を掘って煮て食べるというのが、私には何となく、気が進まないのだけれど…」とまた思案にくれている（「百合の花」）。西洋では白百合を聖母マリアの象徴と

は、二八歳で二児の母ながら、白百合のような美しさをたたえたモルソフ伯爵夫人のアンリエットだった。敬虔で貞潔な夫人は、フェリックスの訴える熱い慕情を友情として受けとめようとする。こうしてひたむきな二つの魂は、健気な努力によって肉体の欲望をおさえ、中世の騎士と聖女のような崇高な愛に昇華させようと煩悶する。しかし、モルソフ夫人の支援でパリの宮廷に出仕したフェリックスの前に、美貌と奔放さで知られるダドレー侯爵夫人アラベルが出現する。ダドレー夫人は巧みな恋の手管によって、満たされぬ官能に苦しむフェリックスを陥落させる。二人の肉の愛は宮廷中の評判となり、噂は母親の口からモルソフ夫人の耳に届く。そんなある日、宮廷で働くフェリックスの耳にモルソフ夫人が死に瀕しているとの知らせが入る。急遽モルソフ館に駆けつけた彼が目にしたのは、肉と霊の戦いに全力を使い果

し、花言葉は「純潔」「威厳」。夏の季語。
断崖の百合に日暮の風移る　河野友人

宵待草　よいまちぐさ
河原などに生え夏の夕方、黄色い花を開き朝にはしぼむアカバナ科の越年草〈待宵草（まつよいぐさ）〉〈大待宵草〉の異名。竹久夢二が一九一三年に三行詩「宵待草」として発表した「**待てど暮らせど来ぬ人を／宵待草のやるせなさ／今宵は月も出ぬさうな**」は、多忠亮（おおのただすけ）の曲をつけて大流行した。
⇩〈待宵草〉

妖花　ようか
美しいが、どことなく不穏な感じのする花。妖（あや）しい魅惑を漂わせる美人。

楊貴妃桜　ようきひざくら
薄紅色の八重の大きな花を咲かせる〈里桜〉の一品種。豪奢（ごうしゃ）な花容から「楊貴妃」の名がついた。奈良・興福寺のものが有名。春の季語。
風に落つ楊貴妃桜房のまま　杉田久女

たして、力尽きようとしている夫人の姿だった。絶え絶えの息の下から、自分の死後にしか開けてはいけないと念押ししてフェリックスに一通の手紙を手渡すと、清らかな谷間の百合は、アベマリアの祈りにつつまれ人々の嗚咽（おえつ）のなかで息を引き取った。
　フェリックスが手紙を開くと、そこには思いもよらぬモルソフ夫人の赤裸々な心の内がつづられていた。自分はあなたへの気持ちを友情だと思おうとしたが、そのためにはあまりにも愛しすぎていたこと。すでに母親でありながら夫婦間の愛の喜びを一度も身に感じたことのなかった私が一瞬のうちに変わったのは、あの舞踏会で肩に突然受けた口づけの熱さが身を貫いたときだったこと。じつは私は嫉妬深い女で、母からあなたとダドレー夫人との仲を知らされたときからの二ヵ月は、嫉妬に荒れ狂った怖ろしい毎日だったこと。神へ

陽光桜　ようこうざくら

愛媛県の高岡正明が、戦場に倒れた教え子たちを鎮魂する沖縄の旅で出会った「寒緋桜（かんひざくら）」を、平和への願いをこめて「天城吉野（あまぎよしの）」と交配し作り出したバラ科サクラ属の落葉小高木。樹高五〜八メートルほどで〈染井吉野〉に先がけて咲き、「寒緋桜」の緋色が残っているところから「紅吉野（べによしの）」の別名があるという（ｗｅｂ「花図鑑」）。

洋蘭　ようらん

ヨーロッパで品種改良された園芸用の西洋蘭の総称。〈カトレア〉〈シンビジウム〉〈デンドロビウム〉などさまざまある。〈東洋蘭〉に対していう。

余花　よか

初夏、青葉若葉のころになって咲いている桜。室町時代末期の連歌師里村紹巴（さとむらじょうは）の『連歌至宝抄』「初の夏」の項に「**余花とは若葉などに花の残りたるを申し候。また時鳥（ほととぎす）に花をむすび**

の祈りさえ私の心を少しもしずめてはくれなかったけれど、心を偽らずに苦しんだ私を哀れにおぼしめして神さまは、私を自分の庇護のもとに引き取ることにしてくださったのでしょう。私はいま生命を使い果たし、いこいの場所に向かおうとしています。最後にもう一度あなたにさようならを申します、と手紙は締めくくられていた。

以上の話をバルザックは、いまでは宮廷の顕官となったフェリックスの、現在の愛人 伯爵夫人ナタリーへの手紙の形で語っていく。そこには霊性と肉体の相克を描いた崇高な愛の物語と見えて、実は神の名のもとに抑えれば抑えるほど官能の欲望がまさるという人間の魂の実相が容赦なく暴かれている。さらに作者はこのあと、ナタリーのフェリックスへの返事の手紙の中でもう一度思いがけない逆転を仕組み、読者をあっと驚かせることになるだろう。

ても夏になり申し候」と。「余花」には山深いところや北国などでめぐり会うことが多く、独特の哀れがただようという。夏の季語。いっぽう〈残花（ざんか）〉は、春の末ごろにまだ散り残っている花のことで、春の季語。似たような意味だが、俳句では区別している。

余花に逢ふ再び逢ひし人のごと　高浜虚子

夜桜　よざくら

ライトアップされ、また篝火（かがりび）などに映える夜の桜樹。水原秋櫻子は「『夜桜』は春月の下で朧（おぼろ）に匂うところに風情がある」（『俳句歳時記』）という一方で、「**夜桜の雨夜咲き満ちたわゝなり**」と雨中の「夜桜」も句にしている。春の季語。

夜桜や梢は闇の東山　田中王城

吉野桜　よしのざくら

奈良県吉野山の春を彩る〈山桜〉。幕末の歌人八田知紀（はったとものり）に「**吉野山霞（かすみ）の奥は知らねども見ゆる限りは桜なりけり**」と。一山全体に「白山桜」が植えられていて、春の深まりとともに麓から山頂に向かって開花が進み、「下千本、中千本、上千本（かみせんぼん）、奥千本」と称される。〈染井吉野〉を「吉野桜」ということがあるが誤り。春の季語。

みよし野、ちか道寒し山桜　蕪村

宿花　よみはな

〈返り咲き〉の花、〈二度咲き〉の花のこと。「妖花（よみはな）」とも書く。『和泉式部続集』に「**宿花（よみばな）の咲きたるを見て**」と詞書（ことばがき）して、「**返らぬは齢（よわい）なりけり年の内にいかなる花かふたたびは咲く**」、二度ともどることのないのは年齢だなぁ。それなのにあれは何という花だろう、一年の内に二度も咲いている、と。

嫁菜の花　よめなのはな

嫁菜は、野山や路傍に生え秋、花茎（かけい）の先に中心が黄色で周囲の花弁が薄紫色の〈頭花（とうか）〉をつけるキク科の多年草。井原西鶴の浮世草子『男色大鑑（なんしょくおおかがみ）』巻一の五に「**色よき娘を母の親の先**

に立て、はしたまじりに茅華土筆雞腹摘など都めきたる様子者」、美人の娘を母親の先に立てて、下女をまじえて茅花・つくし・嫁菜を摘んでいる都風の見栄えのよい一団、と。嫁菜は、春に出る若芽を混ぜご飯にして「嫁菜飯」とする。花言葉は「従順」「隠れた美しさ」。「嫁菜の花」は秋の季語。

夜顔　よるがお

晩夏から初秋の夕方、朝顔形の真っ白な花を開いて朝にはしぼむところが〈夕顔〉に似ているが、夕顔がウリ科なのに対してこちらはヒルガオ科の蔓生一年草。夕顔と混同され、〈夜会草〉ともいう。「夕顔」が夏の季語なのに対して、「夜顔」は秋の季語。

夜顔に夜のふかみゆく軒端かな　勝又一透

夜の梅　よるのうめ

梅の花は香り高いので夜の闇の中でもまぎれないから、古来「夜の梅」「闇の梅」がよく和歌に詠まれた。『古今集』巻一に「**春の夜のやみはあやなし梅の花色こそ見えね香やはかくるる**」、春の夜の闇は筋がとおらないことをする、梅の花の色は見えなくするのに匂いは隠しはしない。どうせなら色も見せたらいいのに、と。

ら行

ライラック　lilac

南ヨーロッパの高地に自生し、日本の北海道など寒冷地でも植栽され五月ごろ、淡い紫色の四弁の小花が多数集まった花穂(かすい)をつけるモクセイ科の落葉低木。香り高く園芸品種では赤紫・白などもある。フランス語名は〈リラ〉。清新な花姿から、花言葉は「青春の思い出」「愛のはじまりの感情」。春の季語。

真昼間の夢の花かもライラック　石塚友二

落英　らくえい

散った花。〈落花(らっか)〉。「英」は「はなぶさ」。『楚辞』離騒に「**朝(あした)に木蘭の墜露(ついろ)を飲み、夕(ゆうべ)に秋菊の落英を餐(さん)す**」と（「木蘭」は〈木蓮〉で、「墜露」はその葉に置いた朝露）。落英が入り乱れて飛び散るようすを「落英繽紛(ひんぷん)」という。

落花　らっか

花が枝から離れ落ちること。桜が散るのをいうことが多い。『太平記』第二巻に、鎌倉討幕の陰謀の嫌疑を受けて捕らえられた日野俊基が関東に護送される旅立ちを「**落花の雪に道紛(まが)ふ、片野の春の桜狩り、紅葉の錦を着て帰る、嵐の山の秋の暮**」と描いている。春の季語。

水面の落花地よりもおびただし　正岡冬芽

落花枝に帰らず　らっかえだにかえらず

⇩巻末「花のことわざ・慣用句」

落花情あれども流水意なし　らっかじょうあれどもりゅうすいいなし

⇩巻末「花のことわざ・慣用句」

落花狼藉　らっかろうぜき

⇩巻末「花のことわざ・慣用句」

らっぱ水仙　らっぱずいせん

漢字で書けば「喇叭水仙」。園芸用に栽培されて春、黄色い大輪の花の中心の副冠がラッパ形をした花を咲かせるヒガンバナ科の多年草。ヨーロッパ原産で、イギリスでは「ダッフォディル」という。ワーズワースの詩「水仙 The Daffodils」に「われひとり淋しく雲のごとく／谷わたり丘を越え流れゆく雲のごとさすらいゆけば／はからざりし、眼を射るはひと群れの花／群れつどう金色の水仙花…」（深瀬基寛訳）。ナルキッソスの水仙伝説にちなんで、花言葉は「受け入れられない愛」。春の季語。

点滴も喇叭水仙も声なさず　石田波郷

蘭　らん

清楚で気品高い花姿と芳香が愛され、観賞用に広く栽培されているラン科の植物の総称。花はどれも個性的な形をしており美しいものが多い。竹・梅・菊とともに〈四君子〉と並び賞される。春蘭・紫蘭・石斛（せっこく）など日本・中国の温帯に生える〈東洋蘭〉と、ヨーロッパで品種改良されたカトレア・シンビジウム・デンドロビウムなどの〈洋蘭〉とがある。洋蘭は春・夏に咲くものが多いが、古くは〈秋の七草〉の藤袴（ふじばかま）を「らに（蘭）」といい、また秋咲きの香り高い「シナ蘭」が好まれたことから、「蘭」は秋の季語とされている。白い蘭の花言葉は「純粋な愛」。

紫の淡しと言はず蘭の花　後藤夜半

乱菊　らんぎく

長い花弁が、乱れるように咲いている菊の花の形容。またそれを図案化した文様。

爛漫　らんまん

花々が咲き乱れているさま。「春爛漫」。

李花　りか

⇩〈李（すもも）の花〉

梨花　りか

⇩〈梨（なし）の花〉

六花　りっか

結晶が六角形をしているところから「雪」の別名。〈六（む）つの花〉ともいう。

立花　りっか

生け花の表現方法の一つで、花器・花瓶に松・梅などの花木を立てて生け、針金などで形を整えて仏前供花や床飾りとしたもの。〈立て花〉ともいい仏教の世界観や自然観を根本思想としている。室町時代の後半にはじまり桃山時代から江戸初期にかけて池坊専応・二代目池坊専好などが大成・発展させた。「立華」とも書く。

離弁花　りべんか

〈薔薇〉〈桜〉のように花びらが根元から分かれている花。⇩〈合弁花〉

両性花　りょうせいか

一つの花の中に雄しべと雌しべが両方ある花。桜・菜の花など多くの花は「両性花」である。

⇩〈単性花〉

リラ　lilas

初夏、香り高い薄紫色の小花を穂状に美しく咲かせる、モクセイ科の落葉低木〈ライラック〉のフランス語名。春の季語。

リラほつほつソフィに十日ほど逢はぬ　小池文子

りんごの花

漢字で書けば「林檎の花」。「りんご」は晩春、白ないし薄紅色の五弁の花をつけ、夏から秋に周知の赤ないし緑色の果実を稔らせるバラ科の落葉高木または低木。果実は偽果で、食べる部分はほかの果実のように花の子房が肥大したものではなく、花柄の先端の花が着く「花床」が肥大したものだという。旧約聖書アダムとイブの物語から、花言葉は「誘惑」、またニュートンの引力のエピソードから、「名声」。「林檎の花」「花林檎」は、春の季語。

夢のいろのうす紅や花りんご　及川貞

竜胆　りんどう

各地の野山に自生し秋、花弁の先が五裂した漏斗状の青紫色の清楚な花を咲かせるリンドウ科の多年草。『古今和歌集』巻十「物名」に

「わがやどの花ふみしだくとりうたむ野はなけ

ればやここにしもくる」、わが家の花を踏んでだいなしにしてしまう鳥を打ちこらしめよう。野に花がないのでうちにばかりくるのだろうか、とあるが、この歌の中に「竜胆の花（りうたむのはな）」が隠されている。探してください。花が白い「笹竜胆」、北の寒地に咲く「蝦夷竜胆」、山深くに咲いて筒状の花弁の開きが大きい「深山竜胆」など、日本の秋の山野を代表する花で、秋の季語。やや寂し気な青紫の花が群生せず一本ずつ咲いているところから、花言葉は「あなたの悲しみに寄り添う」「誠実」。

竜胆や朝襞消ゆる槍穂高　中島斌雄

ルピナス　Lupinus

観賞用に庭や花壇に植えられ初夏、紫・桃色・黄色などの蝶形の小さな花を穂状に咲かせるマメ科ルピナス属（ハウチワマメ属）の一年草または多年草の総称。花穂は下が太くなり、ちょうど藤の花房を逆立ちさせた形なので「昇り藤」「立ち藤」の異名がある。薬草・牧草として有用なところから、花言葉は「感謝」「想像力」。夏の季語。

レイ　lei

ハワイで歓迎の意をこめて訪問客の首にかけるハイビスカスの花などで作った花輪。先住民のカナカ族が儀礼で用いた花輪に由来する。

れんぎょう

漢字で書けば「連翹」。庭木や公園に植えられ早春、葉が開く前のやや枝垂れた枝に、花弁の先が四裂した鮮やかな黄色い小花をびっしりつけるモクセイ科の落葉低木。春の到来を感じさせる花姿から、花言葉は「希望」。春の季語。

連翹のまぶしき春のうれひかな　久保田万太郎

蓮華　れんげ

①〈蓮〉の花のこと。「蓮花」とも書く。『宇津保物語』俊蔭に、遣唐使の一員として唐に渡る途中で遭難し波斯国を遍歴する俊蔭が出会った仙人がいう、「**あはれ、蓮花のはなぞの、おの**

がおやのかよひ給ふ所よりか」、ああ、蓮華の花園、わが母の天女が行き来されていたところからやってきたのか、と。夏の季語。②〈蓮華草〉の略称。

一蝶を放ちて蓮華浄土かな　富安風生

蓮華草　れんげそう

春野を赤紫の花で埋める〈げんげ〉の別称。蝶形の花が蓮の花に似ているので「蓮華草」という。春の季語。

寝ころべば頬寄せて来るれんげ草　檜紀代

蓮華つつじ　れんげつつじ

漢字で書けば「蓮華躑躅」。高原などに群生し五、六月ごろ、赤橙(あかだいだいいろ)色の花を咲かせるツツジ科の落葉低木。黄花もある。枝葉に毒があるという。発句・付句の実例や季語などについて記した江戸前期の俳書『毛吹草』の三月の項に、「**辛夷(こぶし)・沈丁花・馬酔木(あしび)の花**」などにつづけて、「**れんげつつじ　白つつじ**」とある。春の季語。

牛放つれんげつつじの火の海へ　青柳志解樹

蠟梅　ろうばい

観賞用に庭園に植えられ一、二月ごろ、葉が出る前に芳香のある黄色い花をつけるロウバイ科の落葉低木。「臘梅」とも書く。「梅」の字がついているが、梅とは別種。半透明で蠟細工の花のように見えるところから名がついたという が、旧暦一二月の別称「蠟月」に花が咲くところからの名という説もある。中国原産で「唐(から)梅(うめ)」ともいう。花の少ない時期にうつむき加減に控えめな色の花をつけるところから、花言葉は「奥ゆかしさ」。冬の季語。

蠟梅や小江戸の町の七曲り　伊藤いと子

老梅　ろうばい

歳月を経た梅の古木。春の季語。虚子没年の句「**老梅の穢(きたな)き迄(まで)に花多し**」を引いて大岡信は、「衰亡に向かっているにもかかわらず、かえっておびただしい花を咲かせ、生命力を発散していることへの驚きとうとましさを、『**穢き迄**

に』と端的に言った」が、「句の底には同時に、不思議に艶なる老年への讃嘆の思いも」ある、と述べている（『日本大歳時記』）。

六菖十菊 ろくしょうじっきく

⇩巻末「花のことわざ・慣用句」

わ行

若桜　わかざくら
桜の清新な若木。春の季語。

忘れ草　わすれぐさ
「藪萱草（やぶかんぞう）」の別名で、夏の野山や高原にラッパ形の赤橙色（あかだいだいいろ）の花を咲かせるワスレグサ科の常緑多年草。『今昔物語集』巻三十一に、父親を亡くしていつまでも悲しみを忘れられない兄弟の兄が、このままでは仕事にも差支えが出るので「**萱草と云ふ草こそ、其れを見る人、思ひをば忘るなれ、然れば、彼（か）の萱草を墓の辺（ほとり）に植て見ん**」と言って植えたところ墓参りなどすっかり忘れたことから「忘れ草」の名が出た。父を忘れた兄を薄情だと思った弟は、自分だけは父を忘れまいとして、心に思うことを忘れないという〈紫苑（しおん）〉を墓のかたわらに植え、いつまでも父を偲んだという。〈恋忘れ草〉ともいう。夏の季語。⇩〈萱草の花〉

海に出て海濁りをり萱草（わすれぐさ）　森澄雄

忘れ咲き　わすれざき
本来の開花の時期を忘れたように、時ならず咲いている花。〈返り咲き〉。

忘れな草　わすれなぐさ
野原に生え晩春から初夏、分岐した茎の先に青紫色の花を数個つけるムラサキ科の多年草。ヨーロッパ原産で、むかしドイツの若い男女がドナウ川の岸辺を歩いていたとき、恋人が水面を流れてきたこの花をほしがったので若者が川に入って花をつかんだものの、急流に流されて岸に上がれず、花を恋人に投げ与え、「私を忘れないで」と叫んで水中に消えたという伝説から生まれた花の名。英語では「forget-me-not」。「勿忘草」とも書く。花言葉は、「私を忘れないで」。春の季語。

雨晴れて忘れな草に仲直り　杉田久女

忘れ花　わすればな

時季はずれの〈忘れ咲き〉の花。本来の花期を過ぎてから咲く花。〈帰り花〉も同じ。冬の季語。

綿菅　わたすげ

高原の湿地などに群生し初夏、小さい土筆（つくし）のような淡黄色の花穂（かすい）をつけ、その後丸く白い綿帽子をかぶったような姿になるカヤツリグサ科の多年草。夏の季語。

わたすげの泉辺ひとを誘ひをり　杉山岳陽

綿の花　わたのはな

綿は、葵（あおい）に似た黄色で大輪の五弁花をつけるアオイ科の一年草。白い繊維に包まれた種子が「綿花」で、糸を取る。「綿の花」は夏の季語。

棉の花白し夕立の峯一つ　山口青邨

侘桜　わびざくら

もの寂（さ）びた気配をただよわせて咲いている桜の意。辞書は用例として鎌倉中期の歌集『新撰六帖』六の藤原知家「ふかき山の岩根にふせる侘桜」をあげている。しかし写本には「わひさくら」ならぬ「はひさくら」と見えるものがあり、第四・五句は「霞（かすみ）のうちをえこそ立（た）てね」である。すなわち「深山の岩根に倒れ這ってい る桜は、霞の中で立ち上がることができないでいる」との歌意と思われ、「這い桜」のほうが意味がよく通じるのだが…。「侘桜」の用例はあまり見ない。

侘助　わびすけ

茶花用に庭木などとして植えられ、九月ごろから寒の時期まで、薄紅色の小ぶりで簡素な花をつけるツバキ科の常緑低木。白花もある。楕円形の厚い葉の縁に細かい鋸（のこぎり）状のギザギザがある。一説に、豊臣秀吉の朝鮮出兵の折り、加藤清正が持ち帰り、その後侘助という茶人が好んだところからその名がついたという。〈冬椿〉の一種で冬の季語。

侘助や一行のみの子の旅信　近藤一鴻

吾亦紅　われもこう

野山に自生し秋、枝分かれした花柄(かへい)の先に濃い紅紫色の小花をたくさん楕円球形につける、バラ科の多年草。花びらがなく、桑の実のような形をしている。『源氏物語』匂宮(におうのみや)に「**老いを忘るる菊、衰へゆく藤袴(ふじばかま)、物げなき吾木香(われもこう)などは、いと、すさまじき霜枯の頃ほひまで、おぼし捨てずなど**」、体からよい匂いのする薫大将に対抗心をもつ匂宮は、薫物(たきもの)の調合に熱心で、老いを忘れる菊、次第に枯れてゆく藤袴、とりえのない吾亦紅など、よい匂いのする草花には、見る影もなくなる霜枯のころまで執着を捨てずに、と。「吾亦紅」は、夏から秋へ季節の変わり目に咲くところから、花言葉は「移り行く日々」。秋の季語。

遠山の晴間みじかし吾亦紅　上田五千石

花のことわざ・慣用句

朝顔の露

朝顔は、朝咲いて昼にはしぼんでしまう命短く儚い花だが、その朝顔に置く露は、花がしぼむのを待たずに消えてしまうほど、なお儚いということ。

朝顔の花一時

朝顔の花は艶麗に咲いて目をひくが、短時間でしぼむので、儚いことのたとえとしていう。

紫陽花やきのふの誠けふの嘘

正岡子規の句だが、ことわざのようなニュアンスがある。〈七変化〉の異称があるほど日々姿を変える紫陽花を見ていると、人の世の定めのなさ、頼りにならない人間関係に、つい失意を覚えてしまう。

雨は花の父母

花は雨の恵みを受けて咲き香るということ。『和漢朗詠集』上の「雨」に「**養ひ得ては自ら花の父母たり　洗ひ来つては寧ろ薬の君臣を弁へんや**」、春雨は草木をはぐくみ花を咲かせるので花の父母である。また降り注ぐのに薬草などにも公平に降って上薬、中薬など差別をしない、に基づく言葉という。

いずれ菖蒲か杜若

そっくりで見分けがつかない。優劣をつけがたいこと。俳人飯田龍太は「なんともお恥ずかしい次第であるが、私はながい間、あやめと花菖蒲と杜若の区別がつかなかった。いや、いまでも実物に接して、確かな判別を言い切る自信がない」と述懐している（『四季花ごよみ』夏）。植物学的には、あやめ・花菖蒲・杜若はアヤメ科。菖蒲はショウブ科。

言わぬが花

はっきり言葉に出さないほうが趣きがある。はっきり言うと差しさわりが出る。フーテンの寅さんの決め台詞に「それを言っちゃあ、おしめえよ」。

梅に鶯、柳に燕

風情のある、絶妙の取り合わせ。

梅は莟より香あり

梅が莟のうちからよい香りを放つように、将来名を成す人は子どものうちから秀でたところがあるということ。

梅は百花の魁

梅はあらゆる花の先頭を切って咲き、春の到来を告げる。

親の意見と茄子の花は千に一つも徒はない

茄子は花が咲けば必ず実になるように、父母の教えで子どもの役に立たないものは一つもない。

帰り花が咲くと秋が長い

たんぽぽ・つつじ・山吹などの春の花が秋になってもう一度咲く年は、暖かい陽気が長くつづいている証拠で、冬の到来が遅くなる。

槿花一日の栄

木槿は、目をみはるほど美しく咲いても、夕方にはもうしぼむとされていた。人の栄華も短くて儚いというたとえ。「槿花一朝の夢」ともいう。⇩〈木槿〉

桜切る馬鹿　梅切らぬ馬鹿

花木の剪定の心得をいうことわざ。桜の枝は切るとそこから腐ってくるので切らないほうがいい、いっぽう梅は切らずにいると余分の枝がどんどん伸びてくるので切ったほうがいい、と言い慣わしている。

桜に鶯(うぐいす) 木が違う

もちろん鶯には梅が定番。取り合わせが不調和だということ。

桜は花に顕(あら)わる

同じ冬枯れの雑木に見えていたのが、春になって花が咲けば即座に桜だとわかるように、凡庸に見えた人が秘めた才能を開花させて注目を集めること。

酒なくて何の己(おのれ)が桜かな

花見の風流も、うまい酒と肴(さかな)がなければ完全ではない。酒を飲みながら楽しむのでなければ、花見もつまらない。

時分の花

世阿弥が『風姿花伝』で一二～一三歳ごろの稽古の心得を説いた「この花は、誠の花には非ず、ただ、時分の花なり」に基づく言葉。子どもの時分は声もよく出て、どんな仕草をしても幽玄に見えるけれど、それは長年の稽古と鍛錬で辿りついた「誠の花」ではなく、年ごろが過ぎれば散ってしまう一時的な花に過ぎない、ということ。⇩「誠の花」(二五八頁)

羞花閉月(しゅうかへいげつ)

美しさの形容で、花は恥じ入り月が顔を隠してしまうほどの美貌ということ。中国・元代の古典演劇北曲(元曲)の楊果(ようか)作「采蓮女(さいれんじょ)」にある言葉で、「沈魚落雁(ちんぎょらくがん)」、泳いでいる魚は沈み、空飛ぶ雁が落ちるほどの美しさ、と対句になる。

好いた水仙 好かれた柳

相思相愛の男女をいう。「すい」で頭韻をふんで語調をととのえている。たおやかな美しい女性を「柳腰」と形容したから、「好かれた柳」

が女性だろう。

千紫万紅

さまざまな種類の、色とりどりの花々が咲き乱れるさま。

空知らぬ雪

風に舞い散る桜の花びらを、空には降らした覚えのない雪、と洒落た。平安時代中期に成立した勅撰集の『拾遺集』巻一に「**桜散る木の下風は寒からで空に知られぬ雪ぞ降りける**」、桜が散っている木の下を吹く風は寒くなくて、空の知らない雪（花びら）が降っている、と。

露は尾花と寝たという

上方の地唄「薄」をもとにした江戸の端唄で、「**露は尾花と寝たという　尾花は露と寝ぬという　アレ寝たという　寝ぬという**」と、男を露に女を尾花にたとえて恋の隠し事を冷やかすようにに詮索する。そのあげく、ついに「**尾花が穂に出てあらわれた**」と隠しきれなくなった尾花の穂（頬）がポッと赤くなったので皆に知れてしまった、と下げがつく。江戸文化の粋な風情が歌われている。

手がけ次第の菊作り

菊はほうっておいても花が咲くが、手間をかけ面倒をみれば、それにこたえてさらに美しく咲き匂うということ。

十日の菊

旧暦九月九日の重陽が過ぎてから咲く菊。「六日の菖蒲（五月五日の端午の節句が過ぎてからの菖蒲）」（二五八頁）と対にして、時季に遅れて役に立たないことのたとえにいう。「後日の菊」ともいう。秋の季語。

三井寺や十日の菊に小盃　許六

萩の盛りによき酒なし

萩が咲く秋口は、夏を越したため酒の味は落ち、かといってまだ新酒はできないから、花を愛（め）でながら一献と思っても美味い酒がない。

蓮は泥より出でて泥に染まらず

蓮の花は汚泥の中からでも清らかに咲く。どんな逆境にあっても清純さを失わない。「蓮は濁りに染（そ）まず」「泥中の蓮（はちす）」ともいう。

花づくりは土づくり

園芸ことわざの一つで、鉢植えにしても花壇にしても、美しい花を咲かせるためには、花に適した培養土の準備が重要だということ。

花の下（もと）の半日（はんじつ）の客（かく）

ほんの半日のあいだ共に観桜のときを過ごした人。「**花の下の半日の客　月の前の一夜の友**」と対句にして、短時間でも一緒に風雅のときを過ごした人との交遊の懐かしさをいうことわざ。

花は折りたし　梢は高し

憧れの人をわがものとしたいが、格が違いすぎてとうてい手が届かない無念さ。

花は　紅（くれない）

「柳は緑　花は紅」と対（つい）にして、当たり前の大自然の在り方をあるがままに受け入れようとする言葉。中国・北宋の文人蘇東坡（そとうば）の、二度にわたり流罪に処せられた経験を経て禅に深く傾倒した詩集『禅喜集』にある「**柳は緑、花は紅、真面目（しんめんもく）**」による言葉。「花紅柳緑（かこうりゅうりょく）」ともいう。

花は桜木　人は武士

花は桜に尽きる、人は武士がいちばん優れている、ということ。文武両道に秀でる武士の心得を諭（さと）した言葉。武士たる者は常に恥を知り死ぬ覚悟を求められたが、他方で風流を解し詩歌をたしなむ、花も実もある武士（もののふ）であることが理想とされた。

花は根に帰る

咲き誇っていた花もやがて萎（しお）れ、散り落ちて土に帰り次の花の肥（こや）しになる。ありとあるものはみな大本に帰る。

花発（ひら）いて風雨多し

よいことは長くはつづかず、かならず邪魔が入るということ。〈花に嵐〉「花に風」ともいい、唐の詩人于武陵（うぶりょう）の「勧酒」の「**花発（ひら）けば風雨多し／人生別離足る**」という詩句を井伏鱒二が訳した「**ハナニアラシノタトヘモアルゾ**／「**サヨナラ」ダケガ人生ダ**」は名訳として知られる。

花も実もある

見かけの立派さに加えて、内面も優れていることの形容。

花より団子

風雅よりは実利をとり、体裁よりは実益が大事だという、おなじみのことわざ。

薔薇（ばら）に棘（とげ）あり

美しく見える人や物も、心中や背後には醜く怖ろしいものを隠している。

百花繚乱（りょうらん）

多種多様のたくさんの花々が咲き乱れること。

不香（ふきょう）の花

香りのない花、つまり雪を花にたとえた語。逆に花を雪にたとえた洒落た言い回しは「空知らぬ雪」（二五五頁）。

誠の花

若さゆえの「時分の花」は年をとれば消えてしまうものだと心得て、たゆまぬ稽古と公案（工夫）で身につけた「真実の花」のこと。「真の花」とも書く。『風姿花伝』の四四～四五歳の心得の項に「**この比(ころ)まで失(う)せざらん花こそ、誠の花にてはあるべけれ**」、「**誠の花は、咲く道理も、散る道理も、心のままなるべし。されば、久しかるべし**」と。⇩「時分の花」（二五四頁）

待つが花

物事はあれこれ思い描いて待っているうちがいちばん楽しいので、実際に手に入れてしまえば大したことはないということ。「見ぬが花」「言わぬが花」（二五二頁）も似ているところがある。

松高ければ藤長し

高い松に絡んで伸びる藤のように、大物に頼れば大きな成果が得られる。「寄らば大樹の陰」。

三日見ぬ間の桜

世の中の移り変わりの早いことをいう慣用句。もともとは江戸時代中ごろの俳人大島蓼太(おおしまりょうた)の「**世の中は三日見ぬ間に桜かな**」の俳句に由来し、「ふと気がついたら桜が咲いていた、季節の移り行きは早いものだ」というほどの意味だったのが、パッと咲いてパッと散る桜の花の刻一刻の変化に一喜一憂する心をもいうようになった。

六日の菖蒲(しょうぶ)

手遅れで間に合わないこと。菖蒲は五月五日の端午の節句に邪気払いや菖蒲湯に用いる草で、六日では時機おくれである。『平家物語』巻十一に「**西国はみな九郎大夫判官に攻め落されぬ、今は何の用にか逢ふべき。会(え)にあはぬ花、六日の菖蒲、いさかいはてての乳切木(ちぎりき)かな**、と

ぞ笑ひける」、梶原景時の援軍が到着したが、西国はもうみな義経が攻略した。いまごろ援軍が来て何の役に立つのか。「端午の節句」に遅れた「六日の菖蒲」で、喧嘩が決着してから棍棒を振り回す気か、と笑い合った、と。「六日のあやめ」ともいう。九月九日の「重陽の節句」をはずれた「十日の菊」と対句にしていう。⇩「**六菖十菊**」（二六〇頁）

物言う花

言葉を理解し口をきく花、つまり美人のこと。〈解語の花〉もほぼ同じ。

物言わぬ花

美人を意味する「物言う花」に対して、自然の中に咲いている普通の草花をいう。三十六歌仙の一人源重之の家集『重之集』に「**鶯のこゑによばれてうちくれば物いはぬ花も人まねきけり**」、鶯の鳴く声に導かれてたどって来ると、しゃべらない梅の花も人を誘っていた、と。

やはり野に置け蓮華草

美しいと思っても、蓮華草は摘んではいけない。野の花は、本来の野山にあってこそいちばん美しい。

落花枝に帰らず

「破鏡再び照らさず」と対にして、散った花は枝にもどることはなく、割れた鏡は二度と物を映すことはない。転じて、過ぎ去った時は帰らない、死んだ者が生き返ることはないというたとえ。

落花情あれども流水意なし

散った花びらに川の流れにしたがう気持ちはあっても、川の水はただ無心に流れて行くだけだとの意で、一方に情があっても相手に通じないことのたとえ。「落花心あれども流水情なし」

ともいう。
「落花流水」とつづめて、男女の片方に恋い慕う思いがあればいずれは相手に通じ、より添う気持ちが生まれる、と逆に解する場合もあるが。

落花狼藉（ろうぜき）

乱暴したように花が散り乱れているさま。花を散らすように女性に乱暴を働くこと。

六菖十菊（ろくしょうじつきく）

「六日の菖蒲」（二五八頁）と「十日の菊」（二五五頁）を、まとめていう。五月五日の端午の節句、九月九日の重陽の節句に間に合わず、役に立たないことのたとえ。

参考文献

〈辞事典・歳時記・その他〉
『カラー版日本語大辞典』第二版　梅棹忠夫・金田一春彦ほか監修（講談社）
『広辞苑』第六版・第七版　新村出編（岩波書店）
『逆引き広辞苑』岩波書店辞典編集部編（岩波書店）
『日本国語大辞典』第二版　日本国語大辞典第二版編集委員会編（小学館）
『新潮国語辞典　現代語・古語』久松潜一監修（新潮社）
『例解古語辞典』第三版　佐伯梅友・森野宗明・小松英雄編（三省堂）
『岩波古語辞典』補訂版　大野晋・佐竹昭広・前田金五郎編（岩波書店）
『大字典』上田万年・岡田正之・栄田猛猪ほか編（講談社）
『大漢和辞典』諸橋轍次（大修館書店）
『大字源』尾崎雄二郎・都留春雄・山田俊雄ほか編（角川書店）
『中国古典名言事典』諸橋轍次（講談社学術文庫）
『類語大辞典』柴田武・山田進編（講談社）
『日本語大シソーラス』山口翼編（大修館書店）
『岩波英和大辞典』中島文雄編（岩波書店）
『大事典ＮＡＶＩＸ』猪口邦子ほか監修（講談社）
『日本大百科全書』（小学館）
「Wikipedia」
『日本大歳時記』水原秋櫻子・加藤楸邨・山本健吉監修（講談社）
『俳句歳時記』水原秋櫻子編（講談社文庫）
『四季花ごよみ』全六巻　荒垣秀雄・飯田龍太ほか監修（講談社）
『季寄せ－草木花』全七巻　山口誓子選・監修／本田正次解説（朝日新聞社）
『基本季語五〇〇選』山本健吉（講談社学術文庫）
『雨のことば辞典』倉嶋厚・原田稔編（講談社学

術文庫）
『風と雲のことば辞典』倉嶋厚監修（講談社学術文庫）
『新歳時記』全五巻　平井照敏編（河出文庫）
『合本現代俳句歳時記』角川春樹編（角川春樹事務所）
『俳句用語用例小事典⑩花と草樹を詠むために』大野雑草子編（博友社）

〈単行本・その他〉
『月雪花』芳賀矢一（文會堂書店）
『和漢三才図会』下之巻（国会図書館デジタルコレクション）
『フロラ　ヤポニカ　原色精密日本植物図譜』シーボルト（講談社）
『日本の名随筆1　花』宇野千代編（作品社）
『日本の名随筆51　雪』加藤楸邨編（作品社）
『日本の名随筆58　月』安東次男編（作品社）
『櫻史』山田孝雄（講談社学術文庫）
『お天気博士の四季暦』倉嶋厚（文化出版局）
『お天気博士の四季だより』倉嶋厚（講談社文庫）
『花の季節ノート』倉嶋厚（幻冬舎）
『お天気衛星』倉嶋厚（丸善）
『お天気歳時記』倉嶋厚（チクマ秀版社）
『やまない雨はない』倉嶋厚（文春文庫）
『花おりおり』全十巻　湯浅浩史　文／矢野勇写真（朝日新聞社）
『ハイキングで出会う花』増村征夫（新潮文庫）
『野と里・山と海辺の花』増村征夫（新潮文庫）
『散歩で出会う花』久保田修（新潮文庫）
『花の名前』高橋順子・佐藤秀明（小学館）
『花ことば』上・下　春山行夫（平凡社ライブラリー）
『花ことば』樋口康夫（八坂書房）
『美しい花言葉・花図鑑』二宮孝嗣（ナツメ社）
『将門記』大岡昇平（中公文庫）
『花神』上・中・下　司馬遼太郎（新潮文庫）
「ハムレット」福田恆存訳『シェイクスピア全

集』10.（新潮社）
『青い花』ノヴァーリス／青山隆夫訳（岩波文庫）
『黒いチューリップ』アレクサンドル・デュマ／宗左近訳（創元推理文庫）
『桜の園・三人姉妹』アントン・チェーホフ／神西清訳（新潮文庫）
『桜の森の満開の下・白痴　他十二篇』坂口安吾（岩波文庫）
「坂口安吾」福田恆存『福田恆存全集』第一巻（文藝春秋）
『谷間の百合』バルザック／石井晴一訳（新潮文庫）
『椿姫』デュマ・フィス／新庄嘉章訳（新潮文庫）
『立原道造詩集』杉浦明平編（岩波文庫）
『詩集　病者・花』細川宏遺稿詩集（現代社）
『現代名詩選』上・中・下　伊藤信吉編（新潮社）
『詩をよむ若き人々のために』C．D．ルーイス／深瀬基寛訳（ちくま文庫）
『こどもの詩　1990〜1994』川崎洋編（花神社）
『２０２人の子どもたち　こどもの詩　2004〜2009』長田弘選（中央公論新社）
『子どもの詩　サイロ』（響文社）
『日本民謡集』町田嘉章・浅野建二編（岩波文庫）
『唐詩散策』目加田誠（時事通信社）
『杜甫全詩訳注』㈠〜㈣　下定雅弘・松原朗編（講談社学術文庫）
『ギリシア・ローマ神話』ブルフィンチ作／野上弥生子訳（岩波文庫）
『文語訳新約聖書　詩篇付』（岩波文庫）
〈引用和歌・日本古典〉（出典はそれぞれの引用個所に明記したが、いちいちの使用テキストは煩瑣になるので省略。すべて以下の全集・叢書・シリーズに所収の書目によった）
『校註国歌大系』（講談社）
『新編国歌大観』（角川学芸出版）
『日本古典文学大系』『新日本古典文学大系』（岩波書店）

『新潮日本古典集成』（新潮社）
『日本古典文学全集』『新編日本古典文学全集』（小学館）
『和歌文学大系』（明治書院）
『校註和歌叢書』（博文館）
『続々群書類従』第十四・歌文部（続群書類従完成会）
「講談社学術文庫」
「岩波文庫」
「角川ソフィア文庫」
『全釈漢文大系』（集英社）
『続国訳漢文大成』国民文庫刊行会編
「二十四史・旧唐書」（中華書局）
「国立国会図書館デジタルコレクション」
「国際日本文化研究センター和歌データベース」

【た行】

花言葉・逆引き索引

日本でも西洋でも、人びとは花に思いを託して相手に伝えようとしてきた。だから多くの花には花言葉がある。しかし植物学の属名のように普遍的なものではなく、国と文化ごとに恣意的である。本書では、花を贈るときの何かの参考になればと、花言葉から花の名を逆引きできる索引をつけた。花言葉の由来については本文に略記してある。

【あ行】

⦿新年

【た行】

【な行】

【は行】

【ま行】

【や行】

【ら行】

【か行】

【さ行】

【な行】

【は行】

⊙夏

【あ行】

【か行】

【た行】

【な行】

【は行】

【さ行】

季語索引・四季 花ごよみ

本書に収録した「花のことば」の中から「季語」を抜き出し、「春・夏・秋・冬・新年」に分類して50音順に配列した。太字は、見出し語として掲載した頁数を示す。

◉春

【あ行】

【か行】

本書は書き下ろしです。
写真：講談社写真部
イラスト：『フロラ　ヤポニカ　原色精密日本植物図譜』シーボルト（講談社）

倉嶋　厚（くらしま　あつし）

1924年長野県生まれ。気象庁主任予報官，鹿児島気象台長などを経て，NHK気象キャスターに。理学博士。2017年没。

宇田川眞人（うだがわ　まさと）

1944年東京生まれ。編集者・文筆業。共著に『風と雲のことば辞典』（講談社学術文庫）。編集書に『雨のことば辞典』（講談社学術文庫）。

定価はカバーに表示してあります。

花(はな)のことば辞典(じてん)

四季(しき)を愉(たの)しむ

倉嶋(くらしま)　厚(あつし) 監修

宇田川眞人(うだがわまさと) 編著

2019年３月11日　第１刷発行

発行者　渡瀬昌彦
発行所　株式会社講談社
東京都文京区音羽 2-12-21 〒112-8001
電話　編集（03）5395-3512
販売（03）5395-4415
業務（03）5395-3615
装　幀　蟹江征治
印　刷　豊国印刷株式会社
製　本　株式会社国宝社
本文データ制作　講談社デジタル製作

ISBN978-4-06-514684-2

「講談社学術文庫」の刊行に当たって

これは、学術をポケットに入れることをモットーとして生まれた文庫である。学術は少年の心を養い、成年の心を満たす。その学術がポケットにはいる形で、万人のものになることは、生涯教育をうたう現代の理想である。

こうした考え方は、学術を巨大な城のように見る世間の常識に反するかもしれない。また、一部の人たちからは、学術の権威をおとすものと非難されるかもしれない。しかし、それはいずれも学術の新しい在り方を解しないものといわざるをえない。

学術は、まず魔術への挑戦から始まった。やがて、いわゆる常識をつぎつぎに改めていった。学術の権威は、幾百年、幾千年にわたる、苦しい戦いの成果である。こうしてきずきあげられた城が、一見して近づきがたいものにうつるのは、そのためである。しかし、学術の権威を、その形の上だけで判断してはならない。その生成のあとをかえりみれば、その根は常に人々の生活の中にあった。学術が大きな力たりうるのはそのためであって、生活をはなれた学術は、どこにもない。

開かれた社会といわれる現代にとって、これはまったく自明である。生活と学術との間に、もし距離があるとすれば、何をおいてもこれを埋めねばならない。もしこの距離が形の上の迷信からきているとすれば、その迷信をうち破らねばならぬ。

学術文庫は、内外の迷信を打破し、学術のために新しい天地をひらく意図をもって生まれた。文庫という小さい形と、学術という壮大な城とが、完全に両立するためには、なおいくらかの時を必要とするであろう。しかし、学術をポケットにした社会が、人間の生活にとってより豊かな社会であることは、たしかである。そうした社会の実現のために、文庫の世界に新しいジャンルを加えることができれば幸いである。

一九七六年六月

野間省一

ことば・考える・書く・辞典・事典

山下好孝著
関西弁講義
読んで話せる関西弁教科書。強弱ではなく高低のアクセント（≒声調）を導入してその発音法則を見出し、文法構造によるイントネーションの変化など、標準語とは異なる独自の体系を解明する。めっちゃ科学的。

2180

阿辻哲次著
タブーの漢字学
はばかりながら読む漢字の文化史！「且」は男性、「也」は女性の何を表す？「トイレにいく」が「解手」となるわけ——。豊富な話題をもとに、性、死、名前、トイレなど、漢字とタブーの関係を綴る会心の名篇。

2183

ウンベルト・エーコ著／池上嘉彦訳
記号論Ⅰ・Ⅱ
記号とは何か。記号が作り出されるとはどのようなことか。ベストセラー『薔薇の名前』の背景にある、言語、思想、そして芸術への、意味作用とコミュニケーションをめぐる、統合的かつ壮大な思索の軌跡！

2194・2195

野村雅昭著
落語の言語学
なぜ、「ことば」だけで笑えるのか。「マクラ」や「オチ」の機能と構造とは。落語と一般の言語行動はどう違うのか。志ん生、文楽から、小三治、志らくまで、多彩な実演を分析し、特異な話芸の構造と魅力を解明。

2198

北浦藤郎・蘇　英哲・鄭　正浩編著
五十音引き中国語辞典
親字を日本語で音読みにして、あいうえお順で配列。だから、中国語のピンインがわからなくても引ける！「家」は普通「jiā」で引くが、本書では「か」。初学者に親切な、他に類のないユニークな中国語辞典。2色刷。

2227

倉嶋　厚・原田　稔編著
雨のことば辞典
甘霖、片時雨、狐の嫁入り、風の実……。日本語には雨をあらわすことば、雨にまつわることばが数多くある。季語や二十四節気に関わる雨から地方独特の雨のことばまで、一二〇〇語収録。「四季雨ごよみ」付き。

2239

ことば・考える・書く・辞典・事典

東京語の歴史
杉本つとむ著

古代のあずま詞（東国方言）、江戸の言葉が関西の言葉を吸収して「江戸語」へ。そして江戸語から東京語に。その東京語も国家によって、標準語として人為的に作られた新・東京語へ。言葉は歴史と交錯する。

2250

日本語とはどういう言語か
石川九楊著

漢字、ひらがな、カタカナの三種の文字からなる日本語。書字中心の東アジア漢字文明圏においても構造的に最も文字依存度が高い日本語の特質を、言（はなしことば）と文（かきことば）の総合としてとらえる。

2277

日本人のための英語学習法
松井力也著

英語を理解するためには、英語ネイティブの頭の中にある、英語によって切り取られた世界の成り立ちや、イメージを捉える必要がある。日本語と英語の間にある乖離を乗り越え、特有の文法や表現を平易に解説。

2287

擬音語・擬態語辞典
山口仲美編

「しくしく痛む」と「きりきり痛む」、「うるうる」と「うるっ」はいったいどう違うのか？　約二千語を集大成した、オノマトペ辞典の決定版。万葉集からコミックまで用例満載。日本語表現力が大幅にアップ！

2295

対話のレッスン　日本人のためのコミュニケーション術
平田オリザ著（解説・高橋源一郎）

異なる価値観の相手と、いかにコミュニケーションを図るか。これからの私たちに向けて、演説・スピーチ・説得・対話から会話まで、話し言葉の多様な世界を指し示す。人間関係を構築するための新しい日本語論。

2299

日本語と事務革命
梅棹忠夫著（解説・京極夏彦／山根一眞）

日本語はグローバルな言語たりうるのか？　ワープロの出現以降、何がどう変わったのか？　〝知的生産の技術と情報処理〟をめぐる、刺激的論考。ＩＴ時代になっても梅棹の問題提起はいささかも古びてはいない。

2338

《講談社学術文庫　既刊より》